"十四五"高等职业教育机电类专业系列教材

钳工与机加工技能实训

张念淮　魏保立◎主　编
张　睿　沙海流◎副主编
　　　　胡卫星◎主　审

中国铁道出版社有限公司
CHINA RAILWAY PUBLISHING HOUSE CO., LTD.

内 容 简 介

本书采用"项目—任务"的编写模式,共设置五个项目,分别为实训基础、钳工实训、车工实训、铣工实训、磨工实训。

本书编写切实从高等职业院校学生的实际出发,注重实用性、可操作性,强调对学生工程实践意识的训练和对学生形象思维能力及观察能力、分析问题和独立解决实际问题能力的培养。本书内容通俗易懂、深入浅出,大量采用图例、图表和框图等,以求直观、形象,便于教学。

本书适合作为高等职业院校机械类专业、近机类专业的教材,也可作为相关从业人员的培训教材和学习参考书。

图书在版编目(CIP)数据

钳工与机加工技能实训/张念淮,魏保立主编.—2版.—北京:
中国铁道出版社有限公司,2022.12(2024.8重印)
"十四五"高等职业教育机电类专业系列教材
ISBN 978-7-113-29902-6

Ⅰ.①钳… Ⅱ.①张… ②魏… Ⅲ.①钳工-高等职业教育-教材
②机械加工-高等职业教育-教材 Ⅳ.①TG9②TG506

中国版本图书馆 CIP 数据核字(2022)第 254165 号

书　　名:钳工与机加工技能实训
作　　者:张念淮　魏保立

策　　划:何红艳
责任编辑:何红艳　包　宁　　　　　　编辑部电话:(010)63560043
封面设计:付　巍
封面制作:刘　颖
责任校对:安海燕
责任印制:樊启鹏

出版发行:中国铁道出版社有限公司(100054,北京市西城区右安门西街 8 号)
网　　址:https://www.tdpress.com/51eds/
印　　刷:河北燕山印务有限公司

版　　次:2019 年 8 月第 1 版　2022 年 12 月第 2 版　2024 年 8 月第 3 次印刷
开　　本:787 mm×1 092 mm 1/16　印张:11.25　字数:302 千
书　　号:ISBN 978-7-113-29902-6
定　　价:36.00 元

版权所有　侵权必究

凡购买铁道版图书,如有印制质量问题,请与本社教材图书营销部联系调换。电话:(010)63550836
打击盗版举报电话:(010)63549461

前　言

"钳工与机加工技能实训"是高等职业院校的主干基础技能实训课程之一,是教学计划的重要内容,是工科课堂教学与实践相结合的重要组成部分。

本实训课程能使学生在校期间直接参与生产实践,了解工业产品生产的基本过程,增加对工业生产的感性认识,获得机械工业中常用金属材料及其加工工艺的基本知识,培养初步的动手能力,更重要的是通过实际操作,对学生进行工程实践意识的训练,培养学生的形象思维能力和观察能力、分析问题、独立解决实际问题的能力。培养热爱劳动、遵守纪律的优秀品德和理论联系实际的科学作风。树立质量观点、经济观点、劳动观点和安全观点。

本书具有以下显著特点:

一、增加素质教育方面内容

立德树人是教育的根本任务,高等学校要把思政教育纳入社会主义建设者和接班人的要求之中,提出"德智体美劳"的总体要求,并从六个方面对如何培养社会主义建设者和接班人提出明确要求,我们要把立德树人贯穿到教育工作的各个方面,使素质教育具体化,培养全面发展的时代新人。

二、面向职教,理念新颖

本书编者均来自教学或企业一线,有多年教学和实践经验。在本书编写过程中,编者充分考虑了职业院校的实际情况和就业需求,更新了书中部分内容,设置的知识点和技能点更贴近生产和实际应用。

本书采用"基于项目教学"的职业教育课改理念,力求建立以项目为核心、以任务为载体的教学模式,安排了"相关知识与技能""思考与练习"等模块,具有很强的针对性和可操作性。

三、结构清晰,方便教学

本书以工种划分实训内容,每个实训包括安全事项、基本知识、基本操作、操作示例、典型零件、思考与练习等内容。其中:①安全事项是实训教学前的重要教学内容,必要时可对学生进行安全技术考试,合格后才能进行实操,并要贯穿到实训全过程;②基本知识介绍各工种加工方法的实质、原理、特点及应用,讲解时要结合实际,进行现场或以实物讲解教学;③基本操作包括操作的准备、方法步骤、要点和注意事项;④操作示例是由教师对典型零件进行实操示范，学生通过现场考察，掌握操作方法要领；⑤典型零件和复习思考题可供学生实操练习、课后思考或教师布置实习报告作业之用。

本书编写切实从职业院校学生的实际出发，力求做到内容深入浅出，采用图例、图表和框图等，以求直观形象，便于自学，文字准确简洁。

本书采用最新国家标准和法定计量单位。

本书建议教学时数为90课时，各项目课时分配请参考下表。

项目	课程内容	合计	讲授	实操
1	实训基础	4	1	3
2	钳工实训	34	6	28
3	车工实训	30	8	22
4	铣工实训	14	4	10
5	磨工实训	8	2	6
总计		90	21	69

本书由郑州铁路职业技术学院张念淮、魏保立任主编，郑州铁路职业技术学院张睿和郑州地铁集团有限公司沙海流任副主编。其中全书的拓展阅读和附录由郑州铁路职业技术学院张睿编写；项目1由郑州地铁集团有限公司沙海流编写；任务2.1至2.5由郑州铁路职业技术学院张念淮编写；任务2.6至2.9由郑州铁路职业技术学院魏保立编写；任务3.1至3.3由郑州铁路职业技术学院于晓龙编写；任务3.4、3.5由郑州铁路职业技术学院张希斌编写；项目4由郑州铁路职业技术学院胡宽辉编写；项目5由郑州铁路职业技术学院陈腾腾和王志豪编写。

郑州铁路职业技术学院胡卫星作为主审，对全书的内容体系提出了许多宝贵意见，使本书更为严谨，在此深表感谢。

在本书的编写过程中，得到了许多专家和同行的热情支持，并参考了许多国内外公开出版与发表的文献，在此一并表示感谢。

由于时间仓促，加之水平有限，书中难免存在不妥或疏漏之处，恳请广大读者批评指正。

编　者

2022年10月

目 录

项目 1　实训基础 ·· 1
　任务 1.1　实训基础简介 ·· 1
　【思考与练习】 ·· 6
　任务 1.2　使用量具测量零件 ··· 7
　【相关知识与技能】 ·· 7
　【思考与练习】 ·· 17
　【拓展阅读】 ··· 17
项目 2　钳工实训 ·· 18
　任务 2.1　划线 ··· 20
　【相关知识与技能】 ·· 20
　【思考与练习】 ·· 26
　任务 2.2　錾削 ··· 26
　【相关知识与技能】 ·· 26
　【思考与练习】 ·· 30
　任务 2.3　锯削 ··· 30
　【相关知识与技能】 ·· 30
　【思考与练习】 ·· 34
　任务 2.4　锉削 ··· 34
　【相关知识与技能】 ·· 34
　【思考与练习】 ·· 38
　任务 2.5　钻孔和铰孔 ··· 38
　【相关知识与技能】 ·· 38
　【思考与练习】 ·· 45
　任务 2.6　攻螺纹与套螺纹 ·· 45
　【相关知识与技能】 ·· 45
　【思考与练习】 ·· 51
　任务 2.7　刮削 ··· 52
　【相关知识与技能】 ·· 52
　【思考与练习】 ·· 53
　任务 2.8　装配 ··· 54
　【相关知识与技能】 ·· 54
　【思考与练习】 ·· 59
　任务 2.9　综合操作 ·· 59
　【相关知识与技能】 ·· 59
　【思考与练习】 ·· 69

I

【拓展阅读】 …………………………………………………………………………… 71
项目3　车工实训 ……………………………………………………………………… 72
　任务3.1　车削的基本认知 ……………………………………………………………… 73
　　【相关知识与技能】 ………………………………………………………………… 73
　　【思考与练习】 ……………………………………………………………………… 85
　任务3.2　车刀的认知 …………………………………………………………………… 85
　　【相关知识与技能】 ………………………………………………………………… 85
　　【思考与练习】 ……………………………………………………………………… 97
　任务3.3　轴类零件的加工 ……………………………………………………………… 98
　　【相关知识与技能】 ………………………………………………………………… 98
　　【思考与练习】 ……………………………………………………………………… 112
　任务3.4　套类零件的加工 ……………………………………………………………… 113
　　【相关知识与技能】 ………………………………………………………………… 113
　　【思考与练习】 ……………………………………………………………………… 127
　任务3.5　圆锥面的车削 ………………………………………………………………… 127
　　【相关知识与技能】 ………………………………………………………………… 127
　　【思考与练习】 ……………………………………………………………………… 135
　　【拓展阅读】 ………………………………………………………………………… 136
项目4　铣工实训 ……………………………………………………………………… 137
　任务　平面和齿轮的铣削 ……………………………………………………………… 138
　　【相关知识与技能】 ………………………………………………………………… 138
　　【思考与练习】 ……………………………………………………………………… 152
　　【拓展阅读】 ………………………………………………………………………… 152
项目5　磨工实训 ……………………………………………………………………… 154
　任务　外圆表面和平面的磨削 ………………………………………………………… 155
　　【相关知识与技能】 ………………………………………………………………… 155
　　【思考与练习】 ……………………………………………………………………… 169
　　【拓展阅读】 ………………………………………………………………………… 169
附录 ……………………………………………………………………………………… 170
　附表1　常用切削加工方法 …………………………………………………………… 170
　附表2　常用的部分法定计量单位 …………………………………………………… 170
　附表3　普通螺纹直径与螺距系列（部分） …………………………………………… 171
参考文献 ………………………………………………………………………………… 174

项目 1　实训基础

项目导读

"钳工与机加工技能实训"是学生在校期间直接参与生产实践,了解工业产品生产的基本过程,安全生产教育及必备的基础知识是保证保质保量完成实训任务的基础。

在机械产品的生产过程中,为了保证产品质量,制造符合设计图纸要求的零件和机器,经常需要对其进行测量,测量时所用的工具称为量具。要根据零件的功用、形状、尺寸精度、生产批量和技术要求,选用不同类型的量具进行正确检测。

学习目标

1. 了解实训的内容和目的,严格遵守实训安全守则,掌握实训必备的基础知识。
2. 熟悉常用量具的种类、用途与使用方法,掌握常用量具的保养知识。
3. 在知识传授、能力培养中,弘扬社会主义核心价值观,培养学生实事求是,勇于克服困难的精神,树立正确的世界观、人生观、价值观,通过学习各种零部件的加工制作,懂得"工匠精神"的本质。

任务1.1　实训基础简介

"钳工与机加工技能实训"是高等职业院校的主干基础技能实训课程之一,是教学计划的重要内容。

本实训课程能使学生在校期间直接参与生产实践,了解工业产品生产的基本过程,增加对工业生产的感性认识,获得机械工业中常用金属材料及其加工工艺的基本知识,培养初步的动手能力,更重要的是通过实际操作,对学生进行工程实践意识的训练,培养学生的形象思维能力和观察能力、分析问题、独立解决实际问题的能力,培养热爱劳动、遵守纪律的优秀品德和理论联系实际的科学作风,树立质量观点、经济观点、劳动观点和安全观点,是工科类各专业学生获得加工制造基本知识和基本技能的必修课程,是培养学生工程实践能力、进行工程训练的重要环节。

一、"钳工与机加工技能实训"的主要内容、目的和意义

(一)实训的主要内容

本实训的主要内容包括钳工、车工、铣工等一系列工种的实践教学。学生通过实训可以了解各种工程材料及机械产品的加工方法和过程,获得加工制造方面的基础理论知识、工艺知识和实践技能。

(二)实训的目的和意义

(1)学习加工制造工艺知识,掌握生产实践的基本技能。

(2)熟悉并严格遵守各项安全制度,熟悉各类机床设备的结构原理,掌握其操作及零件的机械加工方法。

(3)熟悉工程语言、工艺文件,熟练读图,培养理论联系实际和一丝不苟的工作作风。

(4)掌握各种工具、夹具、量具的使用。

(5)增强劳动观念、集体观念和组织纪律性。树立经济观点和质量意识,培养吃苦耐劳、对工作负责的敬业精神。

本实训是工科各专业学生在大学学习中的一次系统、集中的工程实践训练,是必不可少的实践性教学环节。学生通过实训,可以获得零件加工制造工艺的基础知识,加强理论联系实际的训练,培养了学生的职业素质,提高工程实践能力,以满足社会对高素质、应用型工程技术人才的需求。

二、"钳工与机加工技能实训"安全总则

本实训是学生入校后第一次全方位的生产技术实践活动,实训期间学生必须严格遵守各项安全规则,遵守工艺操作规程。"钳工与机加工技能实训"安全总则是保证金工实习顺利进行的重要保障。安全总则要求如下:

(1)学生学习前必须学习各项安全规则和各项规章制度,并进行必要的安全考核。

(2)按规定穿好工作服,戴好工作帽,长发要放入安全帽内。不得穿凉鞋、拖鞋、高跟鞋及短裤或裙子参加实习。实习时必须按工种要求正确佩戴防护用品。

(3)操作时必须精神集中,不准与别人闲谈、阅读书刊、看手机或接打电话。

(4)不准在吊车吊物运行路线上行走和停留。

(5)实习中如发生事故,应立即拉下电闸或断开开关,并保护现场,及时报告,查明原因,处理完毕后,方可再行实训。

三、金属材料基础知识

(一)金属材料的性能

金属材料的性能一般分为使用性能和工艺性能两类。使用性能反映材料在使用过程中所表现出来的特性,如物理性能、化学性能、力学性能等。工艺性能反映材料在加工制造过程中所表现出来的特性,如铸造性能、锻造性能、焊接性能、切削加工性能等。

1. 金属材料的使用性能

(1)物理性能和化学性能。金属材料的物理性能包括密度、熔点、热膨胀性、导热性、导电性、磁性等;金属材料的化学性能是指它们抵抗各种介质侵蚀的能力,通常分为抗氧化性和耐蚀性。

(2)力学性能。力学性能是指材料在受外力作用时所表现出来的各种性能。由于任何机械零件工作时都承受外力的作用,因此,所用材料的力学性能就显得格外重要。金属材料的主要力学性能有强度、塑性、硬度、冲击韧度等。

①强度。金属材料在外力作用下,抵抗塑性变形和断裂的能力称为强度。强度特性的指标主要是屈服强度和抗拉强度。屈服强度用符号σ_s表示,单位为MPa。屈服强度表征材料抵抗微量塑性变形的能力。抗拉强度用符号σ_b表示,单位为MPa。抗拉强度表征材料抵抗断裂的能力。

②塑性。金属材料在外力作用下发生塑性变形而不被破坏的能力称为塑性。常用的塑性指标是伸长率δ和断面收缩率ψ。伸长率和断面收缩率的数值越大,则材料的塑性越好。

③硬度。硬度是材料抵抗局部变形,特别是塑性变形、压痕或划痕的能力。材料的硬度是用

专门的硬度试验机测定的,硬度试验普遍使用压入法。常用的硬度试验指标有布氏硬度和洛氏硬度两种。

2. 金属材料的工艺性能

金属材料的工艺性能是指材料在加工过程中对所有加工方法的适应能力。材料的工艺性能决定了材料加工的难易程度。材料的工艺性能好,则其加工工艺简便,容易保证加工质量,加工成本低。

(1) 铸造性能。铸造性能指金属材料能否用铸造方法制成优质铸件的性能。铸造性能的好坏取决于熔融金属的充型能力。影响熔融金属充型能力的主要因素之一是流动性。

(2) 锻造性能。锻造性能指金属材料在锻压加工过程中能否获得优良锻压件的性能。它与金属的塑性和变形抗力有关,塑性越高,变形抗力越小(即屈服强度越小),则锻造性能越好。

(3) 焊接性能。焊接性能指金属材料在一定的焊接工艺条件下,获得优质焊接接头的能力。焊接性能好的材料,易于用一般的焊接方法和简单的工艺措施进行焊接。

(4) 切削加工性能。用刀具对金属材料进行切削加工时的难易程度称为切削加工性。切削加工性能好的材料,在加工时刀具的磨损量小,切削用量大,加工质量好。对一般的钢材来说,硬度在 200 HBS 左右的材料具有较好的切削加工性能。

(二) 常用的钢铁材料及现场鉴别方法

钢铁材料是钢和铸铁的总称,它们都是以铁和碳为主要成分的铁碳合金。工业用钢按化学成分可分为碳素钢和合金钢两大类。生产上应用的铸铁可分为灰铸铁、球墨铸铁和可锻铸铁等。

1. 常用钢铁材料的种类及牌号

钢铁材料具有优良的加工性能和使用性能,其来源丰富,是机械工程中应用最广的材料,常用来制造机械设备、工具、模具,并广泛应用于工程结构中。

(1) 碳素钢。含碳量小于 2.11% 且含有硅、锰等有益元素和硫、磷等有害杂质的铁碳合金称为碳素钢,简称碳钢。碳钢的价格低廉,工艺性能良好,在机械制造中被广泛应用。碳素钢的分类见表 1-1。

表 1-1 碳素钢的分类

分类方式	名称	特　点
按化学成分 (含碳量)分类	低碳钢	含碳量≤0.25%,强度低,塑韧性好,锻压和焊接性能好
	中碳钢	0.25% < 含碳量≤0.6%,强度较高,有一定的塑性和韧性
	高碳钢	含碳量＞0.6%,经热处理,可达到很高的强度和硬度,但塑性和韧性较差
按质量等级分类	普通碳素钢	硫、磷含量较高
	优质碳素钢	硫、磷含量较低
	高级优质碳素钢	硫、磷含量很低
按用途分类	碳素结构钢	一般属于低碳钢和中碳钢,主要用于制造机械零件、工程构件
	碳素工具钢	属于高碳钢,主要用于制造刀具、量具和模具

常用碳素钢的牌号及应用见表 1-2。

表1-2 常用碳素钢的牌号及应用

名称	牌号	应用举例	说明
碳素结构钢	Q215A	用于制造金属结构件、拉杆、套圈、铆钉、载荷不大的凸轮、吊钩、垫圈、渗碳零件及焊接件	碳素钢牌号是由代表钢材屈服点的字母Q、屈服点值、质量等级符号、脱氧方法4部分组成。其质量共有4个等级,分别用A、B、C、D表示
	Q235A	用于制造金属结构件、心部强度要求不高的渗碳或氰化零件、吊钩、气缸、螺栓、螺母、轮轴、盖及焊接件	
优质碳素结构钢	45	用于制造强度要求较高的零件	牌号的两位数字表示平均含碳量的万分数,45钢表示平均含碳量为0.45%,含锰量比较高的钢,需加化学元素符号Mn
一般工程用铸造碳钢	ZG200-390 ZG270-500 ZG339-639	一般用于制造形状复杂、机械性能较高的零件,如机座、箱体、连杆、棘轮等	牌号用字母ZG+两组数字表示。第一组数字表示最小屈服强度值,第二组数字表示最小抗拉强度值
碳素工具钢	T8/T8A	有足够的韧性和较高的硬度,用于制造工具等	用"碳"或T后附以平均含碳量的千分数表示,有T7~T13

(2)合金钢。为了改善和提高钢的性能,在碳钢的基础上加入一些合金元素的钢称为合金钢。常用的合金元素有硅、锰、镍、铜、钒、钛、稀土等。合金钢还有耐低温、耐腐蚀、高磁性、高耐磨性等良好的特殊性能,它在制造力学性能和工艺性能方面要求高,且形状复杂的大型截面零件,或有特殊性能要求的零件方面,得到广泛应用。工业上按用途不同,把合金钢分为合金结构钢、合金工具钢和特殊性能钢等。常用合金钢的牌号种类及用途见表1-3。

表1-3 常用合金钢的牌号、种类和用途

名称	牌号	应用举例	说明
低合金高强度结构钢	Q345C Q390C	用于制造工程构件,如压力容器、桥梁、船舶等	第一个字母Q表示屈服点的汉语拼音第一个字母,345表示材料屈服点的数值(MPa),最后一个字母C表示质量等级
合金结构钢	20Cr 50Mn2 GCr15	用于制作各种轴类、连杆、齿轮、重要螺栓、弹簧及弹性零件、滚动轴承、丝杆等	前面两位数字表示钢中碳的质量分数的万分数,元素符号表示所含合金元素,元素符号后面的数字表示该合金元素平均质量分数的百分数,质量分数<1.5%时,一般不标出;当1.5%≤质量分数<2.5%时标2;当2.5%≤质量分数<3.5%时标3,依此类推。若为高级优质钢,则在钢号后面标A。滚动轴承钢在钢号前面加字母G,Cr后面的数字表示该元素平均质量分数的千分数
合金工具钢(高速工具钢)	9SiCr W18Cr4V	用于制作各种刀具(如丝锥、板牙、车刀、钻头等)、模具(如冲裁模、拉线模、热锻模等)、量模(如千分尺、塞规等)	前面一位数字表示钢中碳的平均质量分数(%),当碳的平均质量分数≥1.0%时不标出,当其<1.0%时以千分之几表示,高速钢除外,当碳的平均质量分数<1.0%时也不标出。合金元素平均质量分数的表示方法与合金结构钢相同
特殊性能钢	1Cr18Ni9 15CrMo	用于制作各种耐腐蚀及耐热零件,如汽轮机叶片、手术刀、锅炉等	前面一位数字表示钢中碳的平均质量分数,以千分之几表示。当碳的平均质量分数≤0.03%时,钢号前以00表示,当碳的平均质量分数≤0.08%时,钢号前以0表示。合金元素平均质量分数的表示方法与合金结构钢相同

（3）铸铁。含碳量大于 2.11% 的铁碳合金称为铸铁。由于铸铁含有的碳和杂质较多，其力学性能比钢差，不能锻造加工。但铸铁具有优良的铸造性、减振性、耐磨性等特点，加之价格低廉，生产设备和工艺简单，在机械制造设备中应用广泛。资料表明，铸铁件占机器总重量的 45% 以上。常用铸铁的牌号、应用及说明见表 1-4。

表 1-4　铸铁的牌号、应用及说明

名称	牌号	应用举例	说　　明
灰铸铁	HT150	用于制造端盖、泵体、轴承座、阀壳、管子及管路附件、手轮；一般机床底座、床身、滑座等	HT 为灰铁两字汉语拼音的首个字母，后面的一组数字表示 ϕ30 试样的最小抗拉强度，如 HT200 表示其最小抗拉强度为 200 MPa
球墨铸铁	QT400-18 QT450-10 QT800-2	具有较高的强度和塑性。广泛用于机械制造业中易受磨损和受冲击载荷的零件	QT 是球墨铸铁的代号，后面的数字表示最小抗拉强度和断后伸长率。如 QT500-7 表示最小抗拉强度 500 MPa，断后伸长率为 7%
可锻铸铁	KTH300-06 KTH330-08 KTZ450-06	用于冲击、振动等零件，如汽车零件、机床附件（如扳手）、各种管接头、低压阀门等	KTH、KTZ 分别代表黑心和白心可锻铸铁的代号，数字分别代表最小抗拉强度和断后伸长率

2. 钢铁材料类别鉴别方法

在生产中，为了区分钢铁材料的类别、质量等级等，通常采用一些方法对材料进行现场鉴别。

（1）色标鉴别。为鉴别金属材料的型号、规格等，通常在材料上做一定的标记。常用的标记方法有涂色、打印、挂牌等。金属材料的涂色标记是以表示钢种、钢号的颜色涂在材料一端的端面或外侧。成捆交货的钢应涂在同一端的端面上，盘条钢则涂在卷的外侧。具体的涂色方法在有关标准中做了详细的规定，生产中可以根据材料的色标对钢铁材料进行鉴别。

（2）断口鉴别。金属材料或零部件因受某些物理、化学或机械因素的影响而导致破断所形成的自然表面称为断口。生产线上常根据断口的自然形态来判定材料的韧脆性，亦可据此判定相同热处理状态的材料含碳量的高低。若断口呈纤维状、无金属光泽、颜色发暗、无结晶颗粒且端口边缘有明显的塑性变形特征，则表明钢材具有良好的塑性和韧性，含碳量较低；若材料断口齐平呈银灰色，具有明显的金属光泽和结晶颗粒，则表明材料金属脆性断裂；而过共析钢或合金钢淬火及低温回火后，断口常呈亮灰色，具有绸缎光泽，类似于细瓷断口的特征。

（3）火花鉴别。火花鉴别时将钢或铸铁材料轻轻地压在旋转的砂轮上打磨，根据手感和观察迸射出的火花颜色和形状判断钢铁材料成分范围的方法。

碳素钢的含碳量越高，则材料的硬度越高，火花鉴别时手感硬，火花流线多且火花束短，亮度高。

铸铁在火花鉴别时手感较软，火花束较粗，火花较多，流线多且尾部较粗，下垂呈弧形，颜色多为橙红或橘红色。

除上述现场鉴别材料的方法外，有时还采用较简单的敲击辨音来区别钢材和铸铁材料。钢材被敲击时声音较清脆，而铸铁的减振性较好，被敲击时声音较低沉。但对不同牌号的同类材料，采用此方法难以准确鉴别。若要准确鉴别金属材料，在以上几种生产现场鉴别的基础上，一般还可采用化学分析、金相检验、硬度试验等分析手段对材料作进一步的鉴别。

（三）金属材料的热处理

金属材料的热处理是利用对金属材料进行固态加温、保温及冷却的过程，而使金属材料的内部结构和晶粒的粗细发生变化，从而获得需要的机械性能（如强度、硬度、塑性等）和化学性能（如抗热、抗氧化、耐腐蚀等)的工艺方法。

常用金属材料的热处理方法有以下几种。

1. 退火

将钢件加热到一定温度并在此温度下进行保温,然后缓冷到室温,这一热处理工艺称为退火。退火可以使材料内部的组织细化、均匀,可以改善其机械性能。退火的主要目的是降低钢的硬度,消除内应力,提高塑性和韧性,以利于切削加工,为以后热处理做准备。根据作用不同,退火又分为:

(1) 完全退火:用以降低材料的硬度,消除钢中的不均匀组织和内应力,有利于切削加工。

(2) 球化退火:目的在于降低强度,改善材料切削加工性能,主要用于高碳钢。

(3) 去应力退火:主要用于消除金属材料的内应力,利于以后加工或在以后使用中不易变形或开裂。一般用于铸件、锻件及焊接件。

2. 正火

将钢件加热到一定温度,保温一段时间,然后在空气中冷却至室温的热处理工艺称为正火。正火可以得到较细的组织,其硬度、强度均较退火高,而塑性和韧性稍低,内应力消除不如退火彻底。正火的主要目的是细化内部组织,消除锻件、轧件和焊接件的组织缺陷,改善钢的机械性能。

3. 淬火

将钢件加热到一定温度,经保温后在水或油中快速冷却的热处理方法称为淬火。淬火的主要目的是提高材料的强度和硬度,增加耐磨性,淬火是重要的热处理工艺。

4. 回火

将淬火后的工件重新加热到临界点以下一定温度,并保温一段时间,然后以一定的方式冷却到室温的热处理工艺称为回火。回火是淬火的继续,经淬火的钢件需回火处理。回火可以减少或消除工件淬火后产生的内应力,降低脆性,使工件获得所需的综合力学性能及稳定组织。常见的"调质处理"就是"淬火+高温回火"。

5. 表面淬火

表面淬火是通过对工件快速加热(火焰或感应加热),使工件表层迅速达到淬火温度,然后快速冷却,使表面获得淬火组织而心部仍保持原始组织的热处理工艺。

6. 化学热处理

化学热处理是将工件置于一定的活性介质中加热、保温,使一种或几种元素的原子渗入工件表层,以改变其表层化学成分、组织和性能的热处理工艺。其目的是提高零件表面的硬度、耐磨性、耐热性和耐腐蚀性,而心部仍然保持原有的性能。常用的方法有渗碳、渗氮和氰化。

(1) 渗碳:提高工件表层的含碳量,达到表面淬火提高硬度的目的。

(2) 渗氮:将氮渗入钢件表层,可提高工件表面的硬度及耐磨性。

(3) 氰化:在钢件表层同时渗入碳原子和氮原子的过程称为氰化。氰化可以提高工件表面硬度、耐磨性和疲劳强度。

四、零件的热处理

结合现场的实训条件,可针对不同的零件进行退火、正火、淬火和回火处理,对不同热处理零件的前后强度、硬度进行测试对比,以验证上述理论分析是否正确。

【思考与练习】

1. "钳工与机加工技能实训"的安全要求总则是如何要求的?

2. 金属材料的性能有哪些?
3. 现场如何鉴别钢和铁?
4. 常用钢铁材料的种类及牌号有哪些?
5. 常用金属材料的热处理有哪些?各起什么作用?

任务1.2　使用量具测量零件

【相关知识与技能】

一、基本知识

(一)钢尺与卡钳

钢尺是直接测量长度的最简单的量具,其长度有 150 mm、300 mm、500 mm、1 000 mm 等几种。测量精度为 1 mm、长 150 mm 的钢尺如图 1-1 所示。钢尺上有间距为 1 mm 的刻线,常用来测量毛坯和要求精度不高的零件。

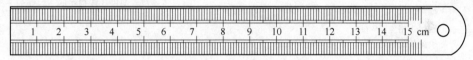

图 1-1　钢尺

卡钳分内、外卡钳两种,如图 1-2 所示。它是一种间接量具,测量时必须与钢尺配合使用才能量得具体数据。

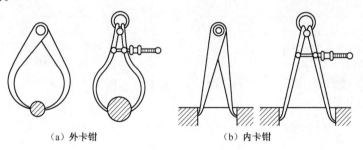

(a) 外卡钳　　　　　(b) 内卡钳

图 1-2　卡钳

(二)游标卡尺

游标卡尺是一种常用的中等精度的量具,可分为游标卡尺(即普通游标卡尺)、深度游标卡尺和高度游标卡尺等几种。

游标卡尺的应用最普遍,它可以直接测量工件的内表面、外表面和深度(带深度尺时),如图 1-3 所示。它由主尺和副尺组成。主尺刻线格距为 1 mm,其刻线全长称为卡尺的规格,如 125 mm、200 mm 和 300 mm 等。副尺连同活动卡脚能在主尺上滑动。读数时,由主尺读出整数,借助副尺读出小数。游标卡尺的测量精度(刻度值)有 0.1 mm、0.05 mm 和 0.02 mm 三种。

游标卡尺的刻线原理及读数方法见表 1-5。

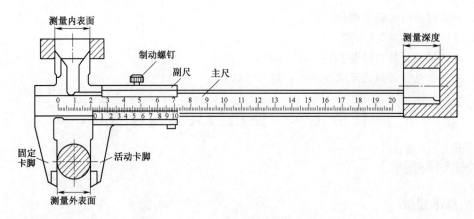

图 1-3 游标卡尺

表 1-5 游标卡尺的刻线原理及读数方法

刻度值/mm	刻线原理	读数方法及示例
0.1	主尺 1 格 = 1 mm 副尺 10 格 = 主尺 9 格 副尺 1 格 = 0.9 mm 主副尺每格之差 = 1 - 0.9 = 0.1(mm)	读数 = 副尺 0 线指示的主尺整数 + 副尺与主尺重合线数×0.1 示例： 读数 = 20 + 4×0.1 = 20.4(mm)
0.05	主尺 1 格 = 1 mm 副尺 20 格 = 主尺 19 格 副尺 1 格 = 0.95 mm 主副尺每格之差 = 1 - 0.95 = 0.05(mm)	读数 = 副尺 0 线指示的主尺整数 + 副尺与主尺重合线数×0.05 示例： 读数 = 20 + 11×0.05 = 20.55(mm)
0.02	主尺 1 格 = 1 mm 副尺 50 格 = 主尺 49 格 副尺 1 格 = 0.98 mm 主副尺每格之差 = 1 - 0.98 = 0.02(mm)	读数 = 副尺 0 线指示的主尺整数 + 副尺与主尺重合线数×0.02 示例： 读数 = 22 + 9×0.02 = 22.18(mm)

(三)千分尺(百分尺、分厘卡尺或螺旋测微器)

千分尺是一种精密量具,按用途可分为外径、内径、深度、螺纹中径和齿轮公法线长等千分尺。其测量精度一般为 0.01 mm。

千分尺按其测量范围可分为 0~25 mm、25~50 mm、50~75 mm、……、275~300 mm 等。测量大于 300 mm 的分段尺寸为 100 mm。测量大于 1 000 mm 的分段尺寸为 500 mm。目前国产的最大千分尺为 3 000 mm。

图 1-4 所示为测量范围为 0~25 mm、刻度值为 0.01 mm 的外径千分尺。千分尺弓架左端装有砧座,右端的固定套筒表面上沿轴向刻有间距为 0.5 mm 的刻线(即主尺)。在活动套筒的圆锥面上,沿圆周刻有 50 格刻度(即副尺)。若捻动棘轮盘,并带动活动套筒和螺杆转动一周,它们就可沿轴向移动 0.5 mm,因此,活动套筒每转一格,其轴向移动的距离为 0.5 mm/50 = 0.01 mm。

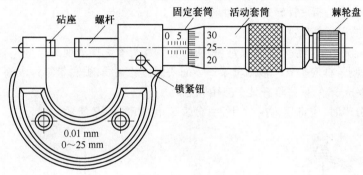

图 1-4 外径千分尺

千分尺的读数原理及示例如图 1-5 所示。

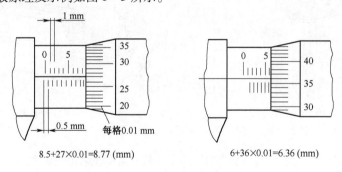

图 1-5 外径千分尺的读数示例

读数 = 副尺所指示的主尺整数(为 0.5 mm 的整数倍) + 主尺中线所指副尺的格数 × 0.01

千分尺使用的注意事项:

(1)校对零点将测砧与测微螺杆擦拭干净,使它们相接触,看微分筒圆周刻度零与中线是否对准。如没有,将千分尺送计量部门检修。

(2)测量时左手握住尺架,用右手旋微分筒,当测微螺杆快接近工件时,必须使用右端棘轮(此时严禁使用微分筒,以防止用力过度造成测量不准或破坏千分尺)以较慢的速度与工件接触。当棘轮发出"嘎嘎"的打滑声时,表示压力合适,应停止旋转。

(3)从千分尺上读取尺寸,可在工件未取下前进行,读完后松开千分尺,亦可先将千分尺锁紧,取下工件后再读数。

(4)被测尺寸的方向必须与测微螺杆方向一致;不得用千分尺测量毛坯表面和运动中的工件。

(四)百分表

百分表是一种测量精度较高的机械式量表,是只能测出相对数值不能测出绝对数值的比较量具。百分表主要用于检测零件的形状和位置误差(如圆度、同轴度、平行度、垂直度、圆跳动等),也常用于工件装夹时的校正。测量精度为0.01 mm。

百分表头如图1-6所示,当测量头向上或向下移动1 mm时,通过测量杆上的齿条和几个齿轮带动大指针转一周,小指针转一格。刻度盘在圆周上有100条等分的刻度线,每格读数值为0.01 mm;小指针每格读数值为1 mm。测量时大、小指针所示读数变化值之和即为尺寸变量。小指针处的刻度范围就是百分表的测量范围。刻度盘可以转动,供测量时调整大指针对零位刻线之用。

百分表的读数方法:百分表测量的数值由整毫米数和小数两部分组成。整毫米数是指小针转过的刻度数。小数是指大针转过的刻度数乘以0.01 mm。

百分表使用的注意事项:

(1)测量前检测测量杆活动是否灵活,检查表盘和指针有无摇动现象。

(2)测量时,测量杆应垂直于被测量零件表面或圆柱的轴线,被测量零件表面应光滑;测量完毕,应将百分表擦拭干净,使测量杆处于自由状态,放入盒内。

(3)使用百分表时,应将其装在专用的百分表架上,如图1-7所示。

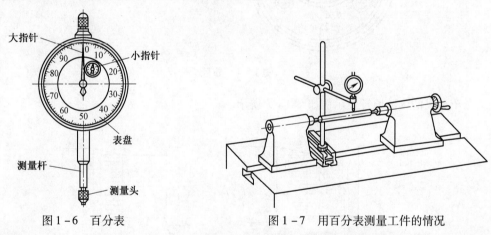

图1-6 百分表　　　　　　　图1-7 用百分表测量工件的情况

(五)量规

在成批大量生产中,为了提高检验效率,降低生产成本,常采用一些结构简单、检测方便、造价较低的界限量具,称为量规。例如,光滑轴与孔用量规、圆锥量规、螺纹量规和花键量规等。

检验光滑轴与孔的量规分别称为卡规和塞规,如图1-8所示。

量规有两个测量面,其尺寸分别按零件的最小极限尺寸和最大极限尺寸制造,并分别称为通端和止端。检测时要轻轻塞入或卡入量规,只要通端通过,止端不通过,就表示零件合格。

(六)内径百分表

内径百分表结构如图1-9所示,它是将百分表装夹在测量架1上,触头6(即活动测量头)通过摆动块7、杆3将测量值1:1传给百分表。测量头5可根据孔径的大小更换。测量前,应使百分表对准零位,测量时,为得到准确的尺寸,活动测量头应在径向摆动时找出最大值,轴向摆动时找出最小值,这两个重合尺寸就是孔的实际尺寸,如图1-10所示。内径百分表能测量孔的圆度和圆柱度误差,主要用于测量精度要求较高而且较深的孔。

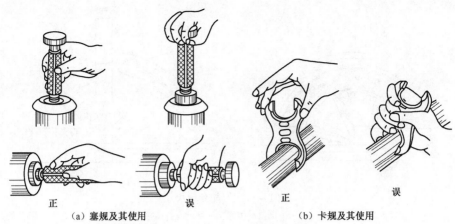

（a）塞规及其使用　　　　　　　（b）卡规及其使用

图1-8　塞规、卡规及其使用

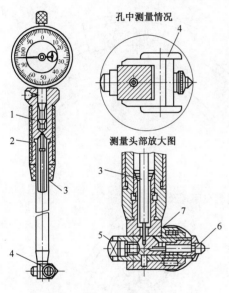

图1-9　内径百分表
1—侧量架；2—弹簧；3—杆；4—定心
5—测量头；6—触头；7—摆动块

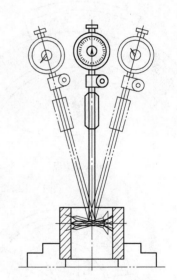

图1-10　内径百分表的测量法

（七）万能角度尺

1. 万能角度尺的结构及刻线原理

1）结构

万能角度尺的结构如图1-11所示。

2）刻线原理

下面介绍2′精度万能角度尺的刻线原理，如图1-12所示。主尺每格为1°，游标尺总度数为29°，并等分成30格，因此，游标尺每格的刻度值为：$\frac{29°}{30}=\frac{60\times29}{30}=58′$；主尺1格和游标尺1格之差为：$60′-58′=2′$，即这种万能角度尺的测量精度为2′。

2. 万能角度尺测量工件的方法

用万能角度尺测量角度时，应根据工件角度的大小，选择不同的测量方法，如图1-13所示。

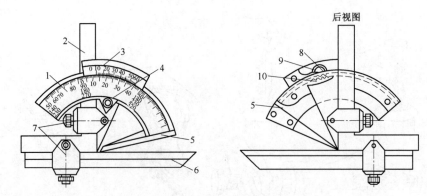

图1-11 万能角度尺

1—主尺;2—角尺;3—游标;4—制动螺钉;5—基尺;
6—直尺;7—卡块;8—捏手;9—小齿轮;10—扇形齿轮

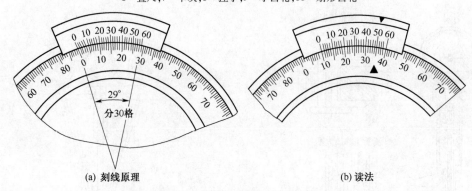

(a) 刻线原理　　　　　　　　　　　(b) 读法

图1-12 2′万能角度尺的刻线原理及读法

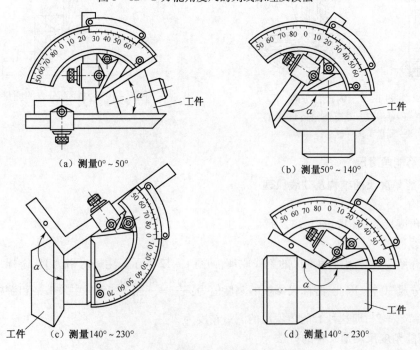

(a) 测量0°~50°　　　　　　　　　(b) 测量50°~140°

(c) 测量140°~230°　　　　　　　(d) 测量140°~230°

图1-13 用万能角度尺测量工件的方法

测量 0°~50°的工件,可选择图 1-13(a)所示的方法;测量 50°~140°的工件,可选择图 1-13(b)所示的方法;测量 140°~230°的工件,可选择图 1-13(c)、(d)所示的方法;若将图 1-11 中的角尺 2 和直尺 6 都卸下,由基尺 5 和扇形板(主尺 1)的测量面形成的角度,还可测量 230°~320°的工件。

(八)塞尺(俗称厚薄规)

塞尺是用其厚度来测量间隙大小的薄片量尺,厚度印在钢片上,如图 1-14 所示。使用时根据被测间隙的大小选择厚度接近的尺片(或几片组合)插入被测间隙,塞入尺片的最大厚度即为被测间隙值;使用塞尺时必须先擦净尺面和工件,组合时选用的片数要少。尺片插入时不能用力太大,以免折弯。

(九)刀口形直尺(俗称刀口尺)

刀口形直尺是用光隙法检验直线度或平面度的量尺,如图 1-15 所示。如果工件的表面不平,则刀口形直尺与工件表面之间有间隙存在。根据光隙可以判断误差状况,也可用塞尺检验缝隙的大小。

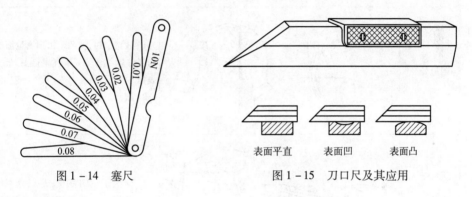

图 1-14 塞尺

图 1-15 刀口尺及其应用

(十)直角尺

直角尺是用来检查工件垂直度的非刻线量尺。使用时,将其一边与工件的基准面贴合,然后使其另一边与工件的另一表面接触。根据光隙可以判断误差状况,也可用塞尺测量其缝隙大小,如图 1-16 所示。直角尺也可以用来划线保证垂直度。

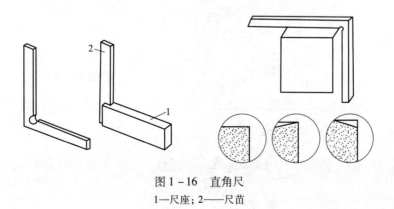

图 1-16 直角尺
1—尺座;2—尺苗

二、基本操作

卡钳、卡尺的使用方法及要领见表1-6。

表1-6 卡钳、卡尺的使用方法及要领

量具名称	操作内容	简图	使用要领
卡钳	调整钳口距离	(a) 张开钳口　(b) 缩小钳口	1. 先用手粗调钳口距离； 2. 往工件或棒料上轻敲卡脚，微调钳口距离
	测量外径	(a) 测量　(b) 读数	1. 放正卡钳，使两个钳脚测量面的连接与工件轴线垂直，靠自重恰好滑过工件表面； 2. 读数
	测量内径	(a) 测量　(b) 读数	1. 卡钳置于工件中心线上，用左手抵住一卡脚为支点，右手摆动另一卡脚，感到松紧适度即可； 2. 读数
游标卡尺	测量外表面尺寸		1. 擦净卡脚，校对零点，即主副尺0线重合； 2. 擦净工件，使卡脚与工件轻微接触，用力适度，不准歪斜
	测量内表面尺寸		1. 读数时眼睛正对刻度； 2. 不准测量粗糙表面和运动工件

量具名称	操作内容	简　图	使用要领
千分尺	测量外径尺寸步骤	（a）检验校正零点 （b）先转活动套筒粗调，后转棘轮盘至打滑为止 （c）直接读数或锁紧后取下读数	1. 擦净卡尺与工件； 2. 切忌用力旋转套筒； 3. 工件轴线（或表面）与螺杆轴线垂直； 4. 只能测量精加工后的静止表面

三、操作示例

图 1-17 所示为转轴零件图，测量转轴的方法和要领见表 1-7。

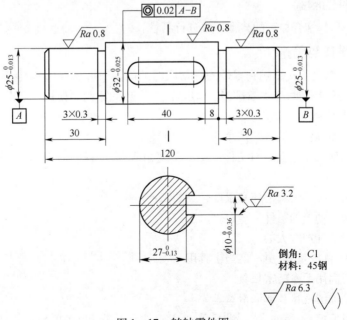

图 1-17　转轴零件图

表 1-7　测量转轴的方法及要领

序号	测量内容	简图	量具	测量要求
1	测长度	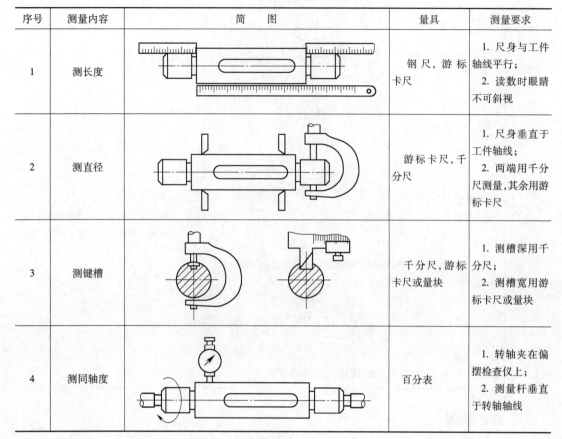	钢尺，游标卡尺	1. 尺身与工件轴线平行；2. 读数时眼睛不可斜视
2	测直径		游标卡尺，千分尺	1. 尺身垂直于工件轴线；2. 两端用千分尺测量，其余用游标卡尺
3	测键槽		千分尺，游标卡尺或量块	1. 测槽深用千分尺；2. 测槽宽用游标卡尺或量块
4	测同轴度		百分表	1. 转轴夹在偏摆检查仪上；2. 测量杆垂直于转轴轴线

四、典型零件的测量

在各工种实习时，结合加工的典型零件进行测量。

五、量具的选择与保养

由于量具自身精度直接影响到零件测量精度的准确性和可靠性，并对保证产品质量起着重要作用。因此，选择量具时，应本着准确、方便、经济、合理的原则。使用量具时，必须做到正确操作、精心保养，并具体做到以下几点：

（1）使用量具前、后，必须将其擦净，并校正"0"位。

（2）量具的测量误差范围应与工件的测量精度相适应，量程要适当，不应选择测量精度和范围过大或过小的量具。

（3）不准用精密量具测量毛坯和温度较高的工件。

（4）不准测量运动着的工件。

（5）不准对量具施加过大的力。

（6）不准乱扔、乱放量具，更不准当工具用。

（7）不准长时间用手拿精密量具。

（8）不准用脏油清洗量具或润滑量具。

（9）用完量具要擦净、涂油，装入量具盒内，并存放在干燥无腐蚀的地方。

【思考与练习】

1. 简述游标卡尺的测量与读数方法,并根据教师指定的被测工件,选择合理规格的游标卡尺,测量工件的外径、内径、深度、宽度等,要求测量误差为 ±0.02 mm。

2. 简述千分尺的测量与读数方法,并根据教师指定的被测工件,选择合理规格的外径千分尺,测量工件外径和宽度,要求测量误差为 ±0.01 mm。

3. 简述百分表的测量与读数方法,根据教师指定的被测工件,选择合理规格的百分表,测量同轴度误差和偏心距等,要求测量误差为 ±0.01 mm。

【拓展阅读】

培养科学严谨的工作作风

机械零件的检验检查工序,要求保证各个环节工作准确无误,才能保证检查质量,这就需要我们具有严谨细致、一丝不苟的工作态度。

严谨细致,就是对一切事情都有认真、负责的态度,一丝不苟、精益求精,于细微之处见精神,于细微之处见境界,于细微之处见水平;就是把做好每件事情的着力点放在每个环节、每个步骤上,不心浮气躁,不好高骛远;就是从一件件的具体工作做起,从最简单、最平凡、最普通的事情做起,特别注重把自己岗位上的、自己手中的事情做精做细,做得出彩,做出成绩。严谨细致是一种工作态度,反映了一种工作作风。

平时工作学习中要注重培养自己做事的科学严谨性,要注意以下几点:

第一,计划。在做任何事之前,一定要制订一个计划。而这份计划出自你对所要做的这件事的目的、做这件事的方式方法以及相关资料的了解,所以也就意味着你在做这件事以前需要大量的准备工作。正所谓:知己知彼,百战不殆。

第二,细化。工作细化、管理细化特别是执行细化。将计划细化,达到最大程度的细化。

第三,严控。严是严格控制偏差,严格执行标准和制度。

第四,克服。要克服困难,持之以恒。在做事的过程中,肯定会遇到一些意想不到的困难。当这些情况发生时,决不能气馁,而要靠顽强的意志,想方设法把困难解决,决不能半途而废。

项目 2 　钳工实训

项目导读

钳工加工是在金属材料处于冷态时,利用钳工工具靠人力(有时辅以设备)切除毛坯上多余的金属层以获得合格产品的一种加工方法。由于钳工工具简单,操作灵活方便,还可以完成某些机械加工所不能完成的工作。因此尽管钳工操作生产率低,劳动强度大,但在机械制造和维修中仍被广泛应用,是金属切削加工不可缺少的一个组成部分。

钳工可以通过划线、锯削、锉削、錾削、钻孔、扩孔、铰孔、攻螺纹、套螺纹、刮削及装配等操作方法中的某些方法完成单件小批生产或维修工作。钳工操作大多是在工作台和台虎钳上进行的。图2-1所示为钳工工作台,台面一般是用低碳钢钢板包封硬质木材制成。工作台安放要平稳,台虎钳用螺栓固定在工作台上。

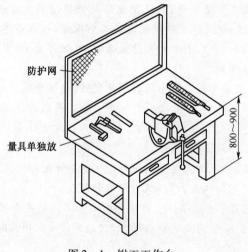

图2-1　钳工工作台

学习目标

1. 养成良好的工作习惯,牢记安全、文明操作的要求。
2. 掌握在工件上划线、锉削和锯削的基本技能。
3. 能够正确地在砂轮机上刃磨钻头,并掌握钻孔的基本技能。
4. 在知识传授、能力培养中,弘扬社会主义核心价值观,培养学生实事求是,勇于克服困难的精神,树立正确的世界观、人生观、价值观,通过学习各种零部件的加工制作,懂得"工匠精神"的本质。

【钳工实训安全事项】

一、学生实训安全规则及守则

(1)学生进场实训要明确学习目的,树立正确的学习态度,工作中要严肃认真,严格遵守各项安全操作规程。

(2)进厂前必须按劳动规定着装,禁止赤脚光背穿拖鞋。

(3)实训时严禁吵闹,更不允许打架斗殴,应始终保持良好的实训秩序。

(4)实训场地的工具和机械设备,未经老师许可禁止乱摸、乱动。

(5)电气设备不良应报告电工处理,如发现有人触电,应立即切断电源进行抢救。

(6)禁止敲打精密量具和平板。

(7)禁止做与实训无关的事情和做私活。

(8)实训场所的工具等不允许带出厂外。

(9)搬运大件时注意力要集中,多人作业要统一口令,并注意呼唤应答。

(10)学生每天实训完后,要及时清点工具,并将钳台打扫干净,如发现工具丢失或损坏要及时报告老师,根据情况适当赔偿。

(11)学生在实训中,要严格遵守劳动纪律和组织纪律,不得随意离开实训场地,不迟到,不早退,病、事假要有请假手续。

(12)学生进场实训必须听从老师的技术指导和生产指挥,如发现不听从指挥,不遵守纪律者,实训老师有权停止其实训并根据情节轻重报告领导给予处分。

二、钳工实训安全操作规程

(一)使用砂轮机安全操作规程

(1)使用前要检查砂轮机安装是否牢固,有无裂纹和缺损,安全防护罩是否符合规定。

(2)在磨工件前应戴好防护眼镜,不许两人同时用一个砂轮片。

(3)使用砂轮机时应站在侧面,不要正对着砂轮片,工件不应在砂轮片侧面磨,以免砂轮片变薄破裂飞出伤人。

(4)待砂轮转速正常后方能进行磨削,在使用过程中如发现异常声音应立即关闭电源,停止使用。

(5)在磨削工件时要握紧工件,手不要离砂轮太近,不可磨软金属或木质、不可用力过大、过猛或撞击砂轮以防把手磨伤。在磨削过程中,工件应左右缓缓移动,这样既可使工件符合要求,又可维护砂轮机。

(6)在磨削过程中应不断蘸水冷却,以免退火和烧手。

(二)钻孔安全操作规程

(1)钻孔前首先要检查安全防护装置是否妥当,钻台上要保持清洁,禁止堆放杂物,消除一切不安全因素。

(2)操作者衣袖要扎紧,严禁戴手套、戴眼镜。女同学必须戴工作帽,头部不要靠钻头过近。

(3)被钻孔的工件下面应加垫,以免钻坏钳台和工作台。

(4)钻孔前,工件必须夹持牢固,一般不可用手直接拿工件钻孔,以免工件脱落伤人。

(5)不能两人同时操作,以免配合不当造成事故。

(6)钻头松紧要用钥匙,禁止用物体锤击钻夹头。

(7)钻孔过程中,严禁用棉纱擦拭切屑或用嘴吹切屑,更不能用手直接清除铁屑,应用刷子或铁钩清理。高速钻削要及时断屑。

（8）当孔快钻通时,应缓缓进刀(减小进给量),防止工件随动,扭断钻头。

（9）钻床未停稳前,严禁用手摸钻夹头或钻头。装卸、移动、校验工件或变速时,必须在停车后进行。

（10）钻孔作业完成后,要及时清理切屑、污水,并涂油。

（11）用手电钻时,应戴绝缘手套。

（三）使用台虎钳的安全操作规程

（1）在使用台虎钳时,只能用双手的力量紧手柄,决不允许套上管子接长手柄或用手锤敲击手柄,否则会把螺母损坏。

（2）台虎钳应牢牢固定在钳台上,不可松动。如发现松动,应及时紧固。

（3）有砧座的台虎钳,允许在砧座上做轻微的敲击工作,其他各部不允许用手锤直接打击。

（4）如工件超过钳口太长时,要用支架支撑,以避免台虎钳受力过大。

（5）台虎钳使用后,要及时清扫干净。螺杆、螺母及活动面,要经常加油保持润滑。

（四）锯割安全操作规程

（1）安装锯条时,不可过紧或过松。

（2）锯割时压力不可过大、过猛,以防锯条折断、蹦出伤人。

（3）工件快要锯断时,必须用手扶住被锯下的部分并轻轻地锯,以防工件落下砸脚,工件过大可用物体支住。

（4）被锯割的工件在夹不坏的情况下尽量夹紧以防工件松动折断锯条。

（5）无柄的锯弓不可使用,以防尾尖刺伤手掌。

（6）质量较大的工件可在原地加工,但必须放稳。

（五）锉削安全操作规程

（1）不使用无柄或柄已严重裂开的锉刀以防伤手(什锦锉例外)。

（2）锉削时不应撞击锉刀柄,否则锉刀尾易滑出伤人。

（3）锉刀不许放在钳口上或露出工作台外,以防锉刀落地伤人或折断。

（4）锉刀不准当手锤或撬棒使用。

（5）锉工件时铁屑不许用嘴吹以防铁屑飞入眼内,不许用手摸锉削面以免锉刀打滑伤手,铁屑应用毛刷刷掉。

任务2.1 划　　线

【相关知识与技能】

一、基本知识

划线是根据图样要求用划线工具在毛坯或半成品上,划出加工界线的一种操作。划线的作用是:划出加工界线作为加工依据;检查毛坯形状、尺寸,及时发现不合格品,避免浪费后续加工工时;合理分配加工余量;钻孔前确定孔的位置。

（一）常用划线工具及其用法

常用划线工具及其用法见表2-1。

表 2-1　常用划线工具及其用法

类别	名称	简图	用途	用法
基准工具	划线平台		划线的基准平面	高度尺、划线盘、直角尺、划线平台
合并工具	方箱	固紧手柄、压紧螺栓	安装轴、盘套类零件，以便找正中心或划中心线	
合并工具	千斤顶	扳手孔、丝杠、千斤顶座	支承外形不规则或较大工件，以便划线找正	
合并工具	V形铁		放置圆柱形工件，以便划中心线或找正中心	
划线工具	划针	15°～30°	—	划针、直尺、误差、正确、错误

续表

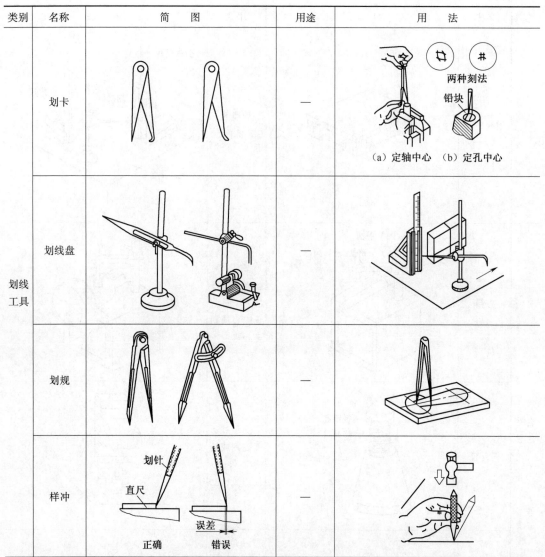

(二)划线基准

在工件上划线时,选择工件上的某些点、线或面作为依据,并以此来调节每次划线的高度,划出其他点、线、面的位置,这些作为依据的点、线或面称为划线基准。在零件图上用来确定零件各部分尺寸、几何形状和相互位置的点、线或面称为设计基准。划线基准尽量与设计基准一致,以减少加工误差。

划线基准的选择应根据工件的形状和加工情况综合考虑。例如,选择已加工表面、毛坯上重要孔的中心线或较大平面为划线基准。合理选择划线基准可以提高划线质量和划线速度。

(三)划线量具

在工件表面上划线除了用上述划线工具以外,还必须有量具配合使用。常用的量具有钢尺、直角尺、高度游标卡尺等。

二、基本操作

(一)划线前的准备

(1)熟悉图样,了解加工要求,准备好划线工具和量具。

(2)清理工件表面。

(3)检查工件是否合格,对有缺陷的工件考虑可否用合理分配加工余量的办法进行补救,减少报废。

(4)工件上的孔,用木块或铅块塞住,以便划孔的中心线和轮廓线。

(5)在工件划线部位涂上薄而均匀的涂料,以保证划出的线迹清晰。大件毛坯涂石灰水,小件毛坯涂粉笔,半成品件涂蓝油(紫色颜料加漆片、酒精)或硫酸铜溶液。

(6)确定划线基准。

(二)划线操作

划线分平面划线和立体划线。平面划线是在工件的一个表面上划线。立体划线是在工件的几个相联系的表面上划线。

1. 平面划线

平面划线和机械制图的画图相似,所不同的是用钢尺、直角尺、划规、划针等工具在金属表面上作图。平面划线可以在划线平台上进行,也可以在钳工工作台上进行。划线时首先划出基准线,再根据基准线划出其他线。确认划线无误后,在划好的线段上用样冲打上小而均匀的样冲眼,直线段上的样冲眼可稀些,曲线上的样冲眼要密些。在线段交点和连接处都必须打上样冲眼,以备所划的线迹模糊后能找到原线的位置。圆中心处在圆划好后将冲眼再打大些,以便将来钻孔时便于对准钻头,如图2-2所示。

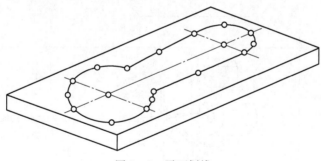

图2-2 平面划线

2. 立体划线

立体划线是在工件的几个相互联系的表面上划线,因此划线时要支承及找正工件,并必须在划线平台上进行。支承、找正工件要根据工件形状、大小确定支承找正方法,例如圆柱形工件用V形铁支承;形状规则的小件用方箱支承;形状不规则的工件及大件,要用千斤顶支承。支承并找正后才可以划线。

(三)划线操作注意事项

(1)工件支承要稳定,以防滑倒或移动。

(2)在一次支承中应把需要划出的平行线全部划出,以免再次支承补划时产生误差。

(3)应正确使用划线工具及量具,以免用法不当造成误差。

(4)用高度游标卡尺划线时,为保护其精度,不允许用它在粗糙表面上划线。

三、划线示例

轴承座划线操作步骤见表2-2。

划线前要研究图样,检查工件是否合格,确定划线基准,清理工件,在工件孔上塞上木块或铅块,对划线部位涂上石灰水。

表2-2 轴承座立体划线

序号	操作内容	简图	说明
1	支承及找正工件		根据孔中心及上表面用划线盘找正,调整工件至水平位置
2	划孔中心水平线及地面加工线		各平行线要全部划好
3	翻转90°找正		以已划出的线为找正基准,用直角尺在两个方向找正,使底面、端面与平台垂直
4	划孔中心线及各水平线		各平行线要全部划好

续表

序号	操作内容	简图	说明
5	翻转90°找正		以已划出的线为找正基准,用直角尺在两个位置找正
6	划各平行线		划出螺栓孔的中心线,再划出各平行线,检查划线质量
7	打样冲眼		将工件放到工作台上打样冲眼,直线段稀些,曲线段密些

四、典型零件划线

图2-3所示为小批生产的钉锤头,试拟定划线步骤。

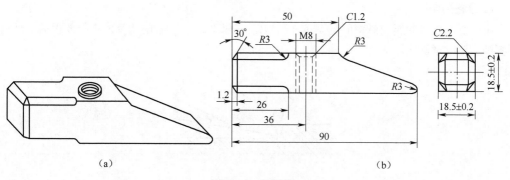

图2-3 钉锤头

【思考与练习】

1. 基准起什么作用？怎样选定划线基准？
2. 常用的划线工具有哪些？
3. 工件划线时水平位置如何找正？垂直位置如何找正？
4. 划线的作用是什么？
5. 简述立体划线过程。
6. 打样冲眼的目的是什么？怎样才能将样冲眼打在正确位置？

任务2.2 錾 削

【相关知识与技能】

一、基本知识

錾削是用手锤锤击錾子，对金属件进行切削加工的方法。錾削可以加工平面、沟槽，切断工件，分割板料，清理锻件上的飞边、毛刺，以及去除铸件的浇口、冒口等。錾削加工精度低，一般情况下，錾削后的工件需要进一步加工。

（一）錾削工具

錾削工具主要是手锤和錾子。手锤由锤头和木柄组成，其规格用锤头质量表示：有 0.25 kg、0.5 kg、0.75 kg、1 kg 等多种规格，常用的是 0.5 kg 手锤。目前使用的还有英制手锤，它分为 0.5 磅、1 磅、1.5 磅、2 磅等多种规格，常用的是 1.5 磅手锤。锤头用碳素工具钢锻造而成，并经过淬火与回火处理，锤柄用硬质木材制成，安装时，要用楔子楔紧，以防锤头工作时脱落伤人，手锤全长约 300 mm。

常用的錾子有扁錾、窄錾、油槽錾，如图 2-4 所示。錾子的长度为 125~150 mm，用碳素工具钢锻造而成，并经过淬火与回火处理。

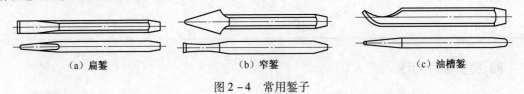

（a）扁錾　　　　　（b）窄錾　　　　　（c）油槽錾

图 2-4 常用錾子

（二）錾削角度

影响錾削质量和錾削效率的是楔角 β 和后角 α（见图2-5），錾削角度的选择要根据工件材料和錾削层厚度来确定。

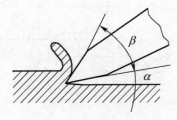

图 2-5 錾削角度

常用錾削角度见表2-3。

表2-3 常用錾削角度

角度名称	常用角度	使用场合	角度不当的后果
楔角β	60°~70°	工具钢、铸铁	β过大时錾削阻力大,錾削困难[见图2-6(a)] β过小时刃口强度不足,易造成崩刃[见图2-6(b)]
	50°~60°	一般结构钢	
	30°~50°	低碳钢、有色金属	
后角α	5°~6°	切屑层较厚	α过大时錾子容易扎入工件[见图2-7(a)]
	7°~8°	切屑层较薄	α过小时錾子容易从表面滑出[见图2-7(b)]

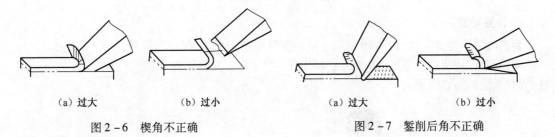

(a) 过大　　　(b) 过小　　　　　　(a) 过大　　　(b) 过小

图2-6 楔角不正确　　　　　　图2-7 錾削后角不正确

二、基本操作

(一)錾子和手锤的握法

手锤使用时,常用的方法有紧握锤和松握锤两种。紧握锤是指从挥锤到击锤的全过程中,全部手指一直紧握锤柄。如果在挥锤开始时,全部手指紧握锤柄,随着锤的上举,依次将小指、无名指和中指放松,而在锤击的瞬间,迅速将放松了的手指又全部握紧,并加快手腕、肘以至臂的运动,则称为松握锤。松握锤可以加强锤击力量,而且不易疲劳。这两种握锤法分别如图2-8所示。要根据各种不同加工的需要选择使用手锤,使用中要注意时常检查锤头是否有松脱现象。

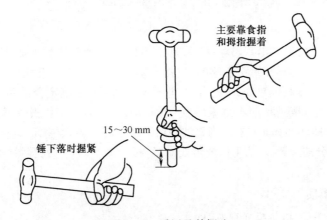

图2-8 手锤及其握法

錾子的握法有正握法、反握法和立握法,如图2-9所示。

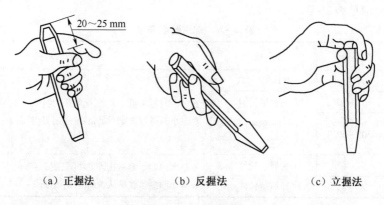

图 2-9 錾子的握法

(二)錾削的姿势

錾削的姿势与步位如图 2-10 所示。錾削姿势要便于用力,挥锤要自然,眼睛注视刀刃和工件之间,不允许挥锤时看錾刃,击锤时看錾子尾部,这样容易分散注意力,錾出的工件表面不平整,而且手锤容易打到手上。

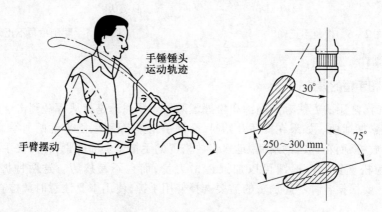

图 2-10 錾削的姿势与步位

(三)錾削过程

錾削过程分起錾、錾削、錾出。起錾时[见图 2-11(a)],錾子要握平或錾头略向下倾斜,用力要轻,待錾子切入工件后再开始正常錾削,这样起錾,便于切入工件和正确掌握加工余量。錾削时[见图 2-11(b)],要挥锤自如,击锤有力,并根据切削层厚度确定合适后角进行錾削。錾削厚度要合适,如果錾削厚度过厚,不仅消耗体力,錾不动,而且易使工件报废,錾削厚度一般粗錾时取 1~2 mm,细錾时取 0.5 mm 左右。当錾削到离工件终端 10 mm 左右时,应调转工件或反向錾削,轻轻錾掉剩余部分的金属,以防工件棱角处损坏[见图 2-11(c)];脆性材料棱角处更容易崩裂,錾削时要特别注意。

(四)錾削注意事项

(1)工件应夹持牢固,以防錾削时松动。
(2)錾头上出现毛边时,应在砂轮机上将毛边磨掉,以防錾削时手锤击偏伤手或毛边碰伤人。
(3)操作时握手锤的手不允许戴手套,以防手锤滑出伤人。

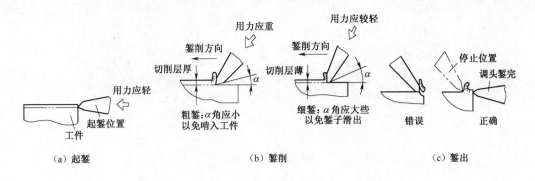

图 2-11　錾削过程

(4)錾头、锤头不允许沾油,以防锤击时打滑伤人。
(5)手锤锤头与锤柄若有松动,应用楔铁楔紧。
(6)錾削时要戴防护眼镜,以防碎屑崩伤眼睛。

三、錾削示例

(一)錾削板料

厚度在 4 mm 以下的金属薄板料,可以夹持在台虎钳上錾削,用平錾沿钳口自右向左依所划的线进行錾削,如图 2-12(a)所示。厚度在 4 mm 以上的板料或尺寸较大的板料,通常是放在铁砧上或平整的板面上,并在板料下面垫上衬垫进行錾削,当断口较长或轮廓形状较复杂时,最好在轮廓周围钻上密集的小孔,然后用窄錾或平錾錾断,如图 2-12(b)所示。

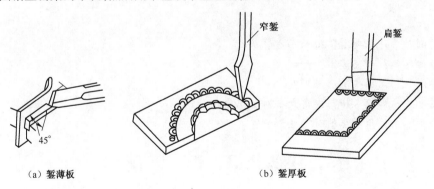

图 2-12　錾削板料

(二)錾削油槽

錾削油槽时,先在工件上划出油槽轮廓线,先用与油槽宽度相同的油槽錾进行錾削,如图 2-13 所示。錾子的倾斜角要灵活掌握,随加工面形状的变化而不停地变化,从而保证油槽尺寸、粗糙度达到要求。錾削后用刮刀和砂布修光。

(三)錾削平面

用扁錾錾削平面时,每次留削厚度为 0.5~2 mm,如图 2-14(a)所示。錾削厚度过厚不仅消耗体力,而且易将工件錾坏;錾削厚度太薄,錾子易从工件表面滑脱。錾削大平面时,先用窄錾开槽,然后用扁錾錾平,如图 2-14(b)所示。

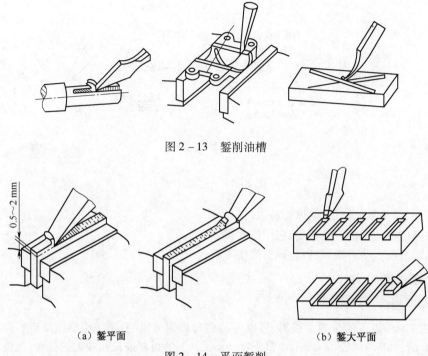

图 2-13 錾削油槽

（a）錾平面　　（b）錾大平面

图 2-14 平面錾削

【思考与练习】

1. 錾削时为什么要看錾刃而不看錾头？
2. 如何起錾？如何錾出？
3. 錾削时如何调整錾削深度？
4. 錾子楔角如何选择？楔角大小对加工有何影响？
5. 分析錾削后角对錾削有哪些影响？

任务2.3　锯　　削

【相关知识与技能】

一、基本知识

锯削是用手锯对工件或原材料进行分割或切槽的一种切削加工。锯削加工主要应用在单件小批生产或远离电源的施工现场。锯削加工精度较低，锯削后一般需要进一步加工。

（一）手锯的构造

锯削工具主要是手锯。它是由锯弓和锯条组成。锯弓用于安装并张紧锯条，锯弓分为固定式和可调式两种，如图2-15所示，固定式锯弓只能安装一种长度规格的锯条，可调式锯弓可以安装几种长度规格的锯条。

图 2-15 锯弓

(二)锯条的种类及选用

锯条是用碳素工具钢制成的锯削工具。锯条的规格以锯条两端安装孔间的距离来表示(长度 150~400 mm),常用的锯条约长 300 mm、宽 12 mm、厚 0.8 mm。锯齿按齿距 t 的大小可分为:粗齿($t = 1.6$ mm)、中齿($t = 1.2$ mm)及细齿($t = 0.8$ mm)3种,锯条一边有交叉或波浪排列的锯齿,锯齿前角为0°,后角为40°,楔角为50°。锯条的规格及用途见表2-4。

表 2-4 锯条的规格及用途

规格	齿数/个	齿距/mm	适用场合
粗齿	14~16	1.6~1.8	铜、铝及其合金、层压板、硬度较低的材料
中齿	18~22	1.2~1.4	铸铁、中碳钢、型钢、厚壁管子、中等硬度的材料
细尺	24~32	0.8~1	小而薄的型钢、薄壁管、板料、硬度较高的材料

锯条的选择应保证至少有三个以上的锯齿同时进行锯削,并且保证齿沟内要有足够的容屑空间,如图2-16所示。

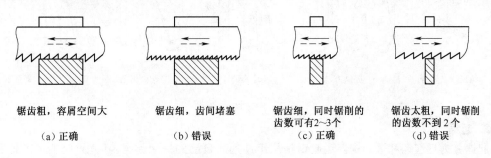

(a) 正确 锯齿粗,容屑空间大
(b) 错误 锯齿细,齿间堵塞
(c) 正确 锯齿细,同时锯削的齿数可有2~3个
(d) 错误 锯齿太粗,同时锯削的齿数不到2个

图 2-16 锯条的选择

二、基本操作

(一)锯条的安装

当锯条向前推进时才切削工件,所以安装锯条应使锯齿尖端向前,如图2-17(a)所示。锯条松紧要适当,过紧易崩断;过松易折断,一般用拇指和食指的力旋紧即可。

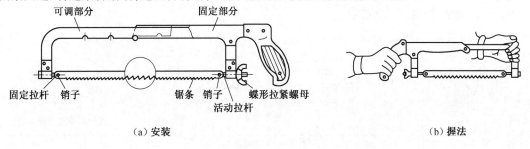

(a) 安装 — 固定拉杆 销子 锯条 销子 活动拉杆 螺形拉紧螺母 可调部分 固定部分

(b) 握法

图 2-17 手锯的握法

(二)手锯的握法

手锯的握法是用右手握锯柄,左手轻扶锯弓前端,如图 2-17(b)所示。

(三)锯削方法

1. 姿势

锯削时应使全身不易疲劳,以便于用力。要稳定地站在虎钳的近旁,通常是左前右后。左脚向前半步,约一锤柄长,两脚距离为锯弓之长。腿不要过分用力,膝盖稍微弯曲,保持自然。右脚稍微朝后,站稳伸直,作为主要支点。两脚站成 V 形。头部不要探前或后仰,面向工作,目视锯条。如图 2-18 所示,握时要舒展自然,右手握稳锯柄,左手轻扶在弓架前端的弯头处。锯弓的运动主要由右手掌握力的大小,左手协助扶持手锯。在推锯时,身体略向前倾,自然地压向锯弓,当推进大半行程时,身随手推锯弓准备回程。回程时,左手把锯弓略微抬起一些,让锯条在工件上轻轻滑过,待身体回到初始位置,再准备第二次的往复。在整个锯削过程中,应保持锯缝的平直,如有歪斜应及时校正。

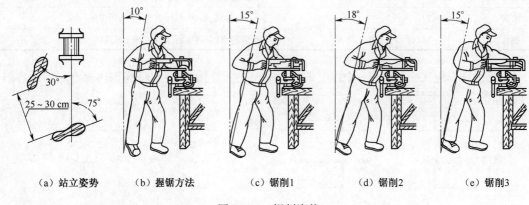

（a）站立姿势　　（b）握锯方法　　（c）锯削1　　（d）锯削2　　（e）锯削3

图 2-18　锯削姿势

2. 起锯

起锯分为近起锯和远起锯。远起锯是从工件远离自己的一端起锯,其优点是能清晰地看见锯削线,防止锯齿卡在棱边而崩缺;近起锯是从工件靠近自己的一端起锯,此方法若掌握不好,锯齿容易被工件的棱边卡住而崩裂。

无论采用哪一种起锯方法,起锯角度以 10°~15°为宜,太大则锯齿会钩住工件的棱边而产生崩齿,太小或平锯,又使锯齿不容易切入材料,或因锯齿打滑而拉毛工件表面。

为了平稳地起锯,应以左手拇指靠住锯条,使之在所需的位置上起锯,刚起锯时,压力要轻,往复行程要短,锯条要与工件表面垂直,当锯到槽深 2~3 mm 时,放开靠锯条的手,将锯弓改至水平方向正常锯削,如图 2-19 所示。

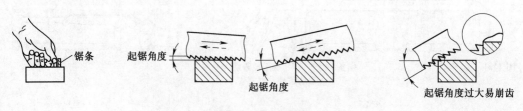

图 2-19　起锯角

3. 锯削

锯削时向前推锯并施加一定的压力进行切削，用力要均匀，使手锯保持水平。

锯削硬材料时，因不容易切入，压力应大些，防止打滑；锯削软材料时，压力应小些，防止切入过深而产生咬住现象。锯削速度以每分钟20～40次为宜，锯削软材料的速度可快些，硬材料要慢一些。速度过快，锯条容易磨损，过慢则效率不高；锯削时应用锯条全长工作，或往复长度不小于锯条长度的三分之二工作，以免锯条的中间部分迅速磨钝，应使切削工作平均分配到大部分锯齿，提高锯条的利用率。当工件快锯断时，用力应轻，以免碰伤手臂。锯钢料时应加机油润滑。铸铁中因有石墨起润滑作用可不用。

若锯齿崩裂(即使是一个齿崩裂)，要停止锯削，不能继续使用，否则后面的锯齿也会迅速崩裂。为了恢复锯齿崩裂后的锯削能力，可以在砂轮上将崩齿的地方小心磨光，并把邻近的锯齿斜磨2～3个。断齿从工件的锯缝中取出后，即可用修复的锯条继续锯削。

(四) 锯削注意事项

(1) 工件装夹要牢固，以免工件晃动折断锯条伤人。锯条安装不可过松或过紧，且锯齿向前安装。锯削时压力不可过大、过猛、速度不可过快。

(2) 锯缝应尽量靠近钳口，以减小锯削过程中工件的颤动。工件快锯断时，必须用手扶住将要被锯下的部分并轻轻地锯。

(3) 发现锯缝偏离所划的线时，不要强行扭正，应将工件调头重新安装、重新开锯。

(4) 由于锯齿排列呈折线，若锯条折断换上新锯条后，应尽量不在原锯缝进行锯削，而从锯口的另一面起锯；否则锯条易折断。如果必须沿原锯缝锯削，应小心慢慢锯入。

三、锯削示例

(一) 锯削角钢

锯角钢时为了得到整齐的锯缝，应从角钢的一个边的宽度方向下锯，这样锯缝较浅，锯条不易卡住，待锯完一面以后，应将手锯倾斜呈45°角，在角钢转角处锯出锯缝，然后改变工件夹持位置锯另一面，如图2-20所示。

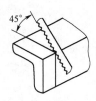

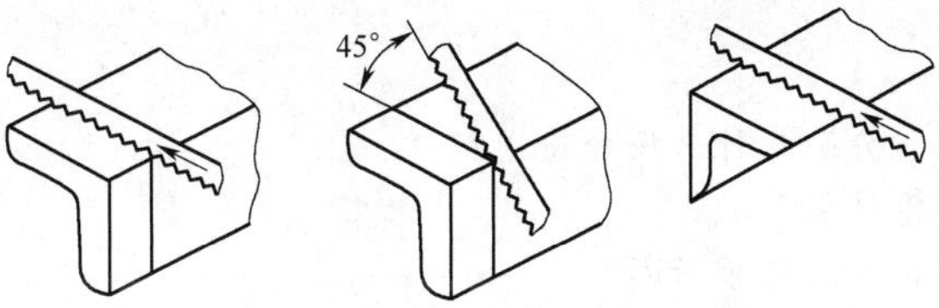

图2-20 锯削角钢

(二) 锯削圆管

锯削圆管时，不宜从上到下一次锯断，应在每锯到管内壁以后，就将圆管向推锯方向转动一定角度，再夹紧锯削，这样重复操作至锯断，如图2-21所示。

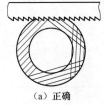

(a) 正确　　(b) 错误

图2-21 锯削圆管

(三)锯深缝

当锯缝深度超过锯弓高度时,可以在锯削到接近锯弓时[见图2-22(a)],将锯条转90°安装[见图2-22(b)],锯弓摆平推锯,如果这样仍不便工作,可将锯条立装进行锯削[见图2-22(c)]。

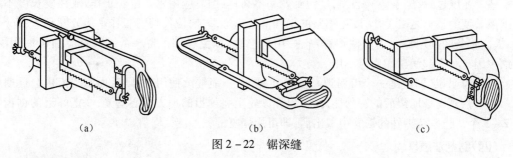

图2-22 锯深缝

(四)锯薄板

锯薄板时可将薄板夹在两木板之间一起锯割,如图2-23(a)所示;也可采用横向斜推锯割,如图2-23(b)所示。

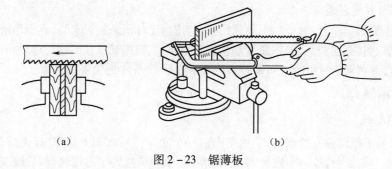

图2-23 锯薄板

【思考与练习】

1. 锯条有哪些规格?分别在什么场合使用?
2. 安装锯条时应注意什么?
3. 在锯削过程中如何防止锯条折断?
4. 起锯和快要锯断时要注意哪些问题?起锯角大小对锯条有什么影响?起锯角多大合适?
5. 锯削时是否推锯愈快效率愈高?为什么?
6. 用新锯条锯旧锯缝时应注意什么?

任务2.4 锉 削

【相关知识与技能】

一、基本知识

锉削是利用锉刀对工件表面进行切削的加工方法。锉削可以加工平面、曲面和各种形状复杂的表面。锉削加工后的公差等级可达 IT8~IT7 级,一般安排在锯削或錾削之后进行。锉削加工常用在部件、机器装配时修整工件及制造和修理模具等方面。

(一)锉刀的构造

锉刀由工作部分(包括锉面、锉边)、锉尾和锉柄组成,如图 2-24 所示。

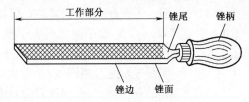

图 2-24 锉刀的组成

(二)锉刀的种类及选用

锉刀按用途可以分为:普通锉刀、整形锉刀和特种锉刀。整形锉刀(什锦锉刀、组锉)适合于修整零件的细小部位或锉削一些较小的工件。特种锉刀适合于锉削表面形状不规则的特殊表面。普通锉刀按齿纹粗细可以分为:粗纹锉(1 号)、中纹锉(2 号)、细纹锉(3 号)、双细纹锉(4 号)和油光锉(5 号)五种。普通锉刀按工作部分长度可以分为 100 mm、150 mm、200 mm、250 mm、300 mm、350 mm 和 400 mm 七种规格。使用时,普通锉刀要根据工件大小、工件材料的硬度、加工余量、加工表面的形状和粗糙度要求进行选择,见表 2-5 和表 2-6。

表 2-5 普通锉刀的选择之一

锉刀名称	截面形状	适用场合
平锉		
半圆锉		
方锉		
三角锉		
圆锉		

表 2-6 普通锉刀的选择之二

锉刀	适用场合	所能达到的粗糙度 Ra
粗纹锉	加工余量大、硬度较低的材料	50~12.5 μm
中纹锉	中低碳钢、铸铁等中等硬度的材料	25~12.5 μm
细纹锉	锉削余量小,硬度值较高的材料	12.5~3.2 μm
双细纹锉	用于精加工时表面加工	6.3~1.6 μm
油光锉	用于精加工时表面加工	3.2~0.2 μm

二、基本操作

（一）锉刀的握法

正确握持锉刀有助于提高锉削质量。应根据锉刀的大小和形状，采用不同的握持方法。

大锉刀的握法，如图2-25(a)所示，用右手握锉刀柄，柄端顶在拇指根部的手掌上，大拇指放在锉刀柄的侧上方，其余手指由下而上握着锉刀柄，左手手掌横放在锉刀的前部上方，五指全握，掌心按压在锉刀头上。中锉刀的握法，如图2-25(b)、(c)所示，由于锉刀尺寸小，本身强度不高，锉削时所施加的力不大，因此其右手握法与大锉刀相同，左手用大拇指和食指捏住锉刀的前端。小锉刀的握法，如图2-25(c)所示，右手食指伸直，靠在锉刀的刀边，拇指放在锉刀木柄上面和其他手指握住锉刀柄，小锉刀只要用一只手握住即可。

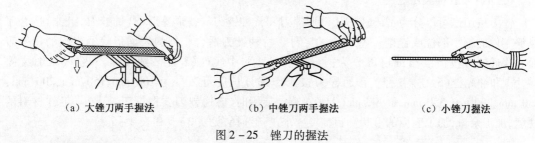

（a）大锉刀两手握法　　（b）中锉刀两手握法　　（c）小锉刀握法

图2-25　锉刀的握法

（二）锉削姿势

锉削时人体的站立位置与锯削时的姿势相似，双脚始终站稳不动，身体略向前倾，右手端平锉刀，大小臂基本垂直，稍侧身，两脚相距半步。开始时身体前倾10°，锉刀面运行至1/3锉刀长时，身体由10°变成15°；锉刀面运至2/3锉刀长时，身体前倾18°，锉刀面运行至最后1/3时，使用臂力完成锉削，身体回到10°。往复循环，如图2-26所示。

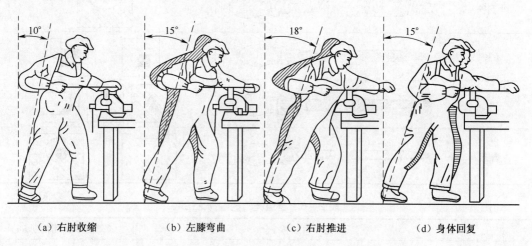

（a）右肘收缩　　（b）左膝弯曲　　（c）右肘推进　　（d）身体回复

图2-26　锉削姿势

（三）锉削时施力的变化

锉削时要得到平直的锉削表面，必须掌握锉削力的平衡，如图2-27所示，在开始时左手压力大，右手压力小，且主要是推力；随着锉刀的推进，左手压力逐渐减小，而右手压力逐渐增大，当工件处于锉刀的中间位置时，两手压力基本相等；随着锉刀继续推进，左手压力继续减小，右手压力继续增大,直到终了位置。在整个推进过程中,应以工件中间位置为支点,两手的压力变化要始终平衡,使锉刀的运动保持水平。返回时双手不加压力,以减少锉刀齿面的磨损。

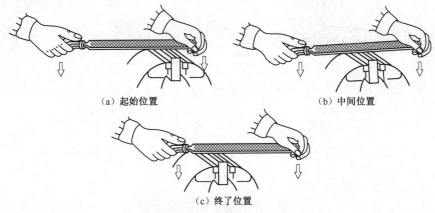

图 2-27 锉削时的施力

(四)锉削注意事项

(1)不允许使用无柄锉刀或锉刀柄已开裂的锉刀,以防伤手。
(2)工件伸出钳口的高度不可过高。对不规则工件要加 V 形块或木块做衬垫。对工件装夹表面,若以后不再加工,需要在钳口处加铝(或铜)片垫上,以保证工件表面不受损伤。
(3)不允许在推锉刀时,锉刀柄撞击工件,以防锉刀柄滑出碰伤手臂。
(4)锉削时工件表面不允许沾油或用手触摸,以免再锉时打滑。
(5)不要用锉刀锉削铸件表面的硬皮、白口铁以及已经淬火的钢件。
(6)铁屑嵌入齿缝时,用锉刀刷顺锉刀纹理方向进行清除。
(7)锉刀不准当手锤或撬棒使用。

三、锉削示例

锉削平面的步骤和方法是:首先采用交叉锉法[见图 2-28(b)],由于开始时粗加工余量较大,用交叉锉效率高,同时利用锉痕可以掌握加工情况。然后,锉削进行到余量较小时,采用顺向锉法[见图 2-28(a)],顺向锉法便于获得平直、锉痕较小的表面。若工件表面狭长或加工面前端有凸台,不能用顺向锉时,可以用推锉法[见图 2-28(c)]加工。待表面基本锉平后,用油光锉以推锉或顺向锉法修光。锉削出的平面是否平直可用直角尺、直尺或刀口尺进行检查,相邻平面是否垂直可用直角尺检查,如图 2-29 所示。

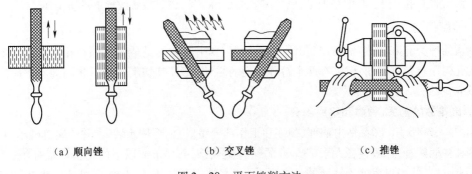

(a)顺向锉　　　　　　(b)交叉锉　　　　　　(c)推锉

图 2-28 平面锉削方法

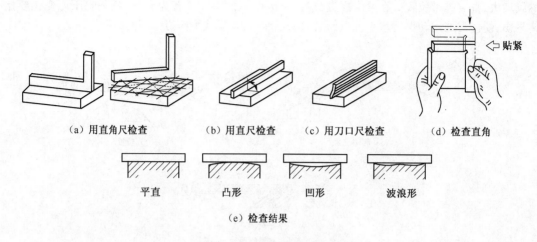

图2-29 锉削平面的检查

【思考与练习】

1. 如何选用锉刀?
2. 锉削时产生凸面是什么原因?如何克服?
3. 顺向锉、交叉锉、推锉各适用于什么场合?
4. 如何检查工件的平直度和直角?
5. 整个锉削过程中两个手的力量是如何变化的?

任务2.5 钻孔和铰孔

【相关知识与技能】

一、基本知识

钻孔是用钻头在实体材料上加工孔的操作。钻孔加工可以在工件上钻出30 mm以下直径的孔。对于30~80 mm直径的孔,一般情况下,先钻出较小直径的孔,再用扩孔或镗孔的方法获得所需直径的孔。钻孔加工主要用于孔的粗加工,也可用于装配和维修,或是攻螺纹前的准备工作。

(一)麻花钻

钻头的种类有麻花钻、扁钻、深孔钻、中心钻等,其中麻花钻是最常用的钻孔刀具。以上这些钻头的几何形状各不相同,但都有两个对称排列的主切削刃,其切削原理是相同的。下面简单介绍一下麻花钻。

1. 麻花钻的形式、种类和组成部分

如图2-30所示,麻花钻由柄部、颈部和工作部分组成:柄部用于装夹,并传递机械动力,柄部有锥柄和柱柄两种,一般直径大于13 mm的钻头做成锥柄,13 mm以下的钻头做成柱柄,在锥柄的顶端有一扁尾,当扁尾处于钻套的长方通孔时,可借用楔铁压下扁尾,即可使钻头从钻套中卸下,千万不能用手握住钻头往下拔,因导向部分有刃口伤手;颈部除制造钻头的工艺要求外,可在颈部处刻印出制造厂厂标、钻头直径和材料标记;工作部分又分为切削部分和导向部分,切削部分担任主要的切削工作,导向部分在钻孔时起引导钻头方向的作用,同时还是切削部分的后备部分,工作部分有两条螺旋槽,它的作用是容纳和排除切屑,导向部分有两条窄的螺旋形凸棱边,它的直径略有倒锥度,以减少在导向时与孔壁的摩擦。

2. 麻花钻的切削部分

如图2-30所示,麻花钻起切削作用的主要是五个刃刃:起主要切削作用的是两条主切削刃和一条横刃;起修光孔壁作用的是两条棱刃。

麻花钻螺旋槽表面称为前刀面,切屑沿着这个表面流出。切削部分顶端两曲面称为主后刀面,两主后刀面的交线称为横刃。横刃是麻花钻独具的特色,虽然它能使钻头起着初步定心的作用,但使钻削的轴向力显著增大而消耗能源。横刃与主切削刃在垂直于钻头轴线平面内所夹的锐角称为横刃斜角,一般应为50°~55°。横刃斜角过大,则横刃增长,进刀阻力增加,易使钻头折断;若横刃斜角过小,工作时钻头容易钻歪。钻头两主切削刃间的夹角称为顶角,钻头顶角的大小应根据所钻孔的材料而定,一般钻硬材料顶角磨大些,钻软材料顶角可磨小些,通常顶角应在116°~118°。导向部分上与已加工表面(孔壁)相对的两螺旋外表面为副后刀面,为了减少它与孔壁的摩擦,在其上做成较窄的一小部分称为棱带,棱带与前刀面的交线(螺旋线)是副切削刃,称为棱刃,它起修光孔壁的作用。麻花钻头可以看成是由车刀演变而来,即将两把车刀底面靠在一起就组成为麻花钻头,故麻花钻头有两个前刀面(两个螺旋槽)、两个主后刀面(两个曲面)、两个副后刀面(两条棱带),因而有两条主切削刃、两条副切削刃(两条棱刃)、外加一个独特的横刃。

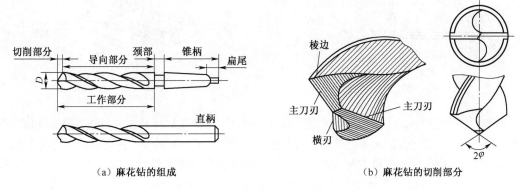

(a) 麻花钻的组成　　　　　　(b) 麻花钻的切削部分

图2-30　麻花钻的结构

(二)钻床及附件

钻孔多在钻床上加工,常用的钻床有三种:台式钻床、立式钻床和摇臂钻床。

台式钻床简称台钻,如图2-31所示。它是一种放在台桌上使用的小型钻床,故称台钻。台钻的钻孔直径一般在13 mm以下,最小可加工直径为0.1 mm的孔。台钻的主轴转速一般较高,最高的转速接近每分钟万转。台钻主轴的转速可用改变三角胶带在带轮上位置的方式来调节。主轴进给运动是手动的。为适应不同工件尺寸要求,在松开锁紧手柄后,主轴架可沿立柱上下移动。台钻小巧灵活,使用方便,是钻直径为1~12 mm小孔的主要设备,它在仪表制造、钳工和装配中用得最多。

立式钻床简称立钻,如图2-32所示,它是一种中型钻床,这类钻床的最大钻孔直径有25 mm、35 mm、40 mm和50 mm等几种,其钻床规格是用最大钻孔直径来表示的。立钻主要由主轴、主轴变速箱、进给箱、立柱、工作台和机座等组成。主轴变速箱和进给箱是由电动机经带轮传动。通过主轴变速箱使主轴旋转实现主运动,并获得需要的各种转速。钻小孔时,转速需要高些;钻大孔时,转速应低些。主轴在主轴套筒内做旋转运动,同时通过进给箱中的传动机构,使主轴随着主轴套筒按需要的进给量自动做直线进给运动,也可利用手柄实现手动轴向进给。进给箱和工作台可沿立柱导轨调整上下位置,以适应加工不同高度的工件。立钻的主轴不能在垂直其轴线的平面内移动,要使钻头与工件孔的中心重合,必须移动工件,这是比较麻烦的。立钻适合于单件小批生产中加工中小型工件。立钻与台钻不同的是主轴转速和进给量的变化范围大,立钻可自动进给,且适于扩孔、锪孔、铰孔和攻丝等加工。

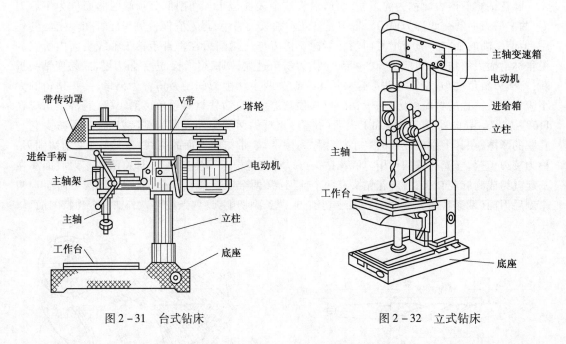

图 2-31　台式钻床　　　　　　图 2-32　立式钻床

摇臂钻床如图 2-33 所示,结构比较复杂,操作灵活,它的主轴箱装在可以绕垂直立柱回转的摇臂上,并且可以沿摇臂的水平导轨移动,摇臂还可以沿立柱上下移动。摇臂钻的变速和进给方式与立钻相似,由于摇臂可以方便地对准孔中心,所以摇臂钻床主要用于大型工件的孔加工,特别适合于多孔件的加工。钻床附件包括过渡套、钻夹头和平口钳。钻夹头用于装夹直柄钻头;过渡套(又称钻套)由五个莫氏锥度号组成一套,供不同大小锥柄钻头的过渡连接;平口钳用于装夹工件。

(三)扩孔与铰孔

扩孔是利用扩孔刀具扩大孔件孔径的加工方法。扩孔用的刀具是扩孔钻,如图 2-34 所示,也可以采用麻花钻扩孔。一般情况下,扩孔加工在钻床上进行,扩孔后的质量高于钻孔。

铰孔是用铰刀从工件壁上切除微量金属层,以提高其尺寸精度和表面质量,是精加工孔的一种方法。铰孔的主要工具是铰刀,分手用和机用两种,如图 2-35 所示,机用铰刀可以安装在钻床或车床上进行铰孔,手用铰刀用于手工铰孔,手工铰孔时,用手扳动铰杠,铰杠带动铰刀对孔进行精加工。铰杠有固定式和可调式两种。常用可调式铰杠,如图 2-36 所示,转动可调手柄(或螺钉)可以调节方孔大小,以便夹持不同规格的铰刀。

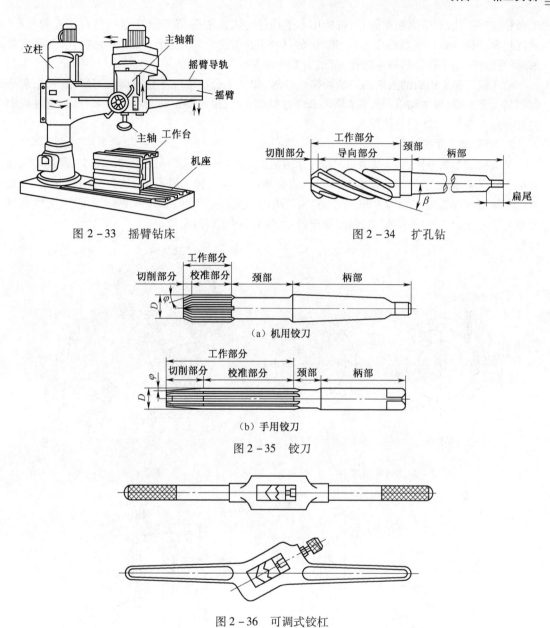

图 2-33 摇臂钻床

图 2-34 扩孔钻

（a）机用铰刀

（b）手用铰刀

图 2-35 铰刀

图 2-36 可调式铰杠

二、基本操作

（一）钻孔前的准备

1. 工件划线

钻孔前的工件一般要进行划线，在工件孔的位置划出孔径圆，对精度要求较高的孔还要划出检查圆，并在孔径圆上打样冲眼，在划好孔径圆和检查圆之后，把孔中心的样冲眼打大些，以便钻头定心，如图 2-37 所示。

2. 钻头的选择与刃磨

根据孔径的大小和精度等级选择合适的钻头。对于直径小于 30 mm 较低精度的孔，可选用与孔径相同直径的钻头一次钻出，对于精度要求较高的孔，可选用小于孔径的钻头钻孔，留出加工余量进行扩孔,对于高精度的孔,可选用小于孔径的钻头钻孔,留出加工余量进行扩孔和铰孔。对直径 30～80 mm 的较低精度孔,应选(0.6～0.8)倍孔径的钻头进行钻孔,然后扩孔,对精度要求高的孔可选小于孔径的钻头钻孔,留出加工余量进行扩孔、铰孔。

钻孔前应检查铝头的两切削刃是否锋利对称,如果不合要求应进行刃磨。刃磨钻头时,两条主切削刃要对称,两主切削刃夹角(顶角 2φ)为 118°±2°,顶角要被钻头中心线平分,刃磨过程中要经常蘸水冷却,以防过热使钻头硬度下降。

3. 钻头与工件的装夹

钻头柄部形状不同,装夹方法也不同,直柄钻头可以用钻夹头(见图 2 - 38)装夹,通过转动固紧扳手可以夹紧或放松钻头,锥柄钻头可以直接装在机床主轴的锥孔内,钻头锥柄尺寸较小时,可以用钻套过渡连接,如图 2 - 39 所示,钻头装夹时应先轻轻夹住,开车检查有无偏摆,无摆动时停车夹紧后开始工作,若有摆动,则应停车,重新装夹,纠正后再夹紧。

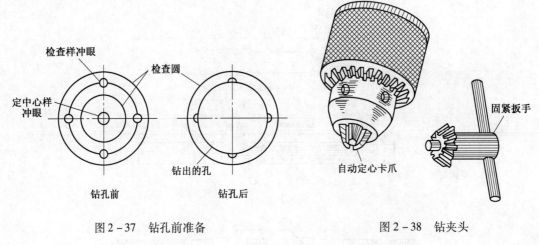

图 2 - 37 钻孔前准备   图 2 - 38 钻夹头

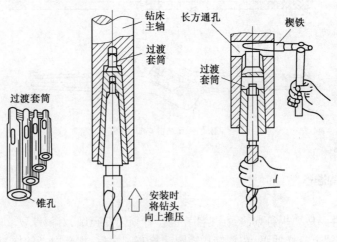

图 2 - 39 钻套及锥柄钻头装卸方法

钻孔时应保证被钻孔的中心线与钻床工作台面垂直,为此可以根据工件大小、形状选择合适的装夹方法。小型工件或薄板工件可以用手虎钳装夹,如图 2 - 40(a)所示,在圆柱面上钻孔时用

V形铁装夹,如图 2-40(b)所示,对中、小型形状规则的工件用平口钳装夹,如图 2-40(c)所示,较大的工件或形状不规则的工件可以用压板螺栓直接装夹在钻床工作台上,如图 2-40(d)所示。

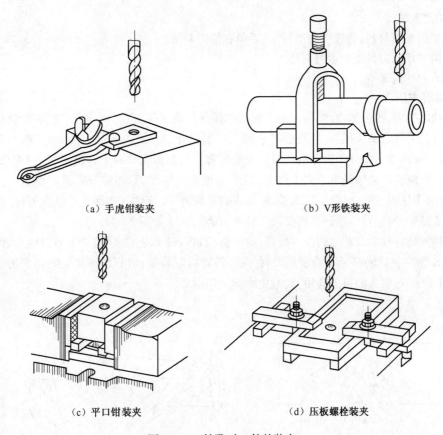

(a) 手虎钳装夹　　　　　　　(b) V形铁装夹

(c) 平口钳装夹　　　　　　　(d) 压板螺栓装夹

图 2-40　钻孔时工件的装夹

(二)钻孔操作

开始钻孔时,应进行试钻,即用钻头尖在孔中心上钻一浅坑(约占孔径1/4),检查坑的中心是否与检查圆同心,如有偏位应及时纠正,偏位较小时可以用样冲重新打样冲眼纠正中心位置后再钻。偏位较大时可以用窄錾将偏位相对方向錾低一些,将偏位的坑矫正过来,如图 2-41 所示。

钻通孔应注意将要钻通时进给量要小,防止钻头在钻通的瞬间抖动,损坏钻头,钻不通孔(盲孔)则要调整好钻床上深度标尺的挡块,或安置控制长度的量具,也可以用粉笔在钻头上画出标记。钻深孔(孔深大于孔径4倍)和钻较硬的材料时,要经常退出钻头及时排屑和冷却,否则容易造成切屑堵塞或钻头过度磨损甚至折断。钻较大的孔径

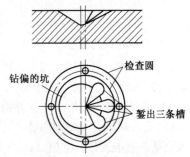

图 2-41　钻偏时的纠正方法

(30 mm 以上),应先钻小孔,然后再扩孔,这样既有利于提高钻头寿命,也有利于提高钻削质量。尽量避免在斜面上钻孔,若在斜面上钻孔必须用立铣刀在钻孔位置铣出一个水平面,使钻头中心线与工件在钻孔位置的表面垂直。钻半圆孔则必须另找一块与工件同样材料的垫块,把垫块与

工件拼夹在一起钻孔。

(三)麻花钻的刃磨

1. 刃磨要求

(1)根据钻削材料,合理刃磨出顶角、后角和横刃斜角。

(2)两主切削刃长度相等且对称。

(3)后刀面应光滑。

2. 刃磨方法

右手握住钻头的头部,食指尽可能靠近切削部分作为定位支点,或将右手靠在砂轮的支架上作为支点;左手握住钻头尾部,使刃磨部分的主切削刃处于水平位置,钻头的轴心线与砂轮圆柱母线在水平面内的夹角等于顶角的一半。刃磨时将主切削刃在略高于砂轮水平中心面处先接触砂轮,使钻头沿自己的轴线由下向上转动,同时施加适当的压力,使整个后刀面都磨到。在磨到刃口时要减小压力,停止时间不能太长,在钻头快要磨好时,应注意摆回去不要吃刀,以免刃口退火,两面要经常轮换,直至达到刃磨要求。具体刃磨角度 ψ 如图 2-42(a)所示。

横刃的修磨:标准麻花钻的横刃较长,对于直径 $\phi 5\ mm$ 以上钻头,通常要修磨横刃,以改善切削性能,如图 2-42(b)所示。修磨横刃时,先将刃背接触砂轮,然后转动钻头磨削主切削刃部分的前刀面,从而把钻头的横刃磨短,要避免磨伤主切削刃。

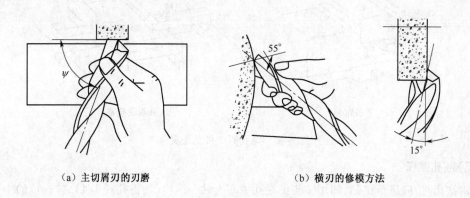

(a)主切屑刃的刃磨　　　　　　(b)横刃的修模方法

图 2-42　钻头的刃磨

(四)钻孔、铰孔注意事项

(1)严格执行安全操作规程。严禁戴手套,需扎紧袖口,戴眼镜,女生戴工作帽。身体不允许靠近主轴,不允许戴手套进行操作。

(2)工件要装夹牢固。切屑要用毛刷清理,不允许用手拽切屑。

(3)钻头对准孔位置中心后方可钻孔。若有偏斜应及时校正。钻通孔时工件下面要垫上垫块或把钻头对准工作台空槽,以防损坏钻床工作台的台面。

(4)在钻削过程中,特别钻深孔时,要经常退出钻头以排出切屑和进行冷却,否则可能使切屑堵塞或钻头过热磨损甚至折断,并影响加工质量。

(5)钻通孔时,当孔将被钻透时,进刀量要减小,避免钻头在钻穿时的瞬间抖动,出现啃刀现象,影响加工质量,损伤钻头,甚至发生事故。

(6)钻削直径大于 30 mm 的孔应分两次钻,第一次先钻一个直径较小的孔,第二次用钻头将孔扩大到所要求的直径。

(7)钻削时的冷却润滑:钻削钢件时常用机油或乳化液;钻削铝件时常用乳化液或煤油;钻削铸铁时则用煤油。

(8)铰孔时铰刀不能倒转,否则切屑会卡在孔壁和切削刃之间,而使孔壁划伤或切削刃崩裂。

(9)铰孔时常用适当的冷却液来降低刀具和工件的温度以防止产生切屑瘤,并减少切屑细末黏附在铰刀和孔壁上,从而提高孔的质量。

【思考与练习】

1. 钻孔、扩孔和铰孔各有什么区别?
2. 铰孔应用在什么场合?
3. 常用的钻孔设备有哪些?各有什么特点?
4. 如何合理选用钻床夹具?

任务2.6 攻螺纹与套螺纹

【相关知识与技能】

一、基本知识

工件外圆柱表面上的螺纹称为外螺纹。工件圆柱孔壁上的螺纹称为内螺纹。攻螺纹是用丝锥加工工件内螺纹的操作。套螺纹是用板牙加工工件外螺纹的操作。攻螺纹和套螺纹一般用于加工普通螺纹,攻螺纹和套螺纹所用工具简单,操作方便,但生产率低,精度不高,主要用于单件或小批量的小直径螺纹加工。

国家标准规定的普通螺纹有五个公差等级(精度等级):4、5、6、7、8级,其中4级公差值最小,精度最高。用丝锥加工内螺纹能达到各级精度,表面粗糙度 Ra 可达1.6 μm 左右。攻丝是钳工的基本操作,凡是小直径螺纹、单件小批生产或结构上不宜采用机攻螺纹的,大多采用手攻。

(一)攻螺纹工具

丝锥是用来加工较小直径内螺纹的成形刀具,材料一般选用合金工具钢9SiCr,并经热处理制成。如图2-43所示,通常 M6~M24 的丝锥一套为两支,称头锥、二锥;M6 以下及 M24 以上一套有三支,即头锥、二锥和三锥。每个丝锥都由工作部分和柄部组成。工作部分由切削部分和校准部分组成。轴向有几条(一般是三条或四条)容屑槽,相应地形成几瓣刀刃(切削刃)和前角。切削部分(即不完整的牙齿部分)是切削螺纹的重要部分,常磨成圆锥形,以便使切削负荷分配在几个刀齿上。头锥的锥角小些,有5~7个牙;二锥的锥角大些,有3~4个牙。校准部分具有完整的牙齿,用于修光螺纹和引导丝锥沿轴向运动。柄部有方头,其作用是与铰杠相配合并传递扭矩。丝锥分手用丝锥和机用丝

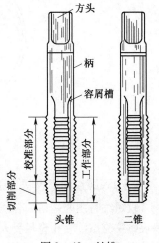

图2-43 丝锥

锥，手用丝锥用于手工攻螺纹；机用丝锥用于机床上攻螺纹。

铰杠是用来夹持丝锥的工具，常用的是可调式铰杠，如图2-44所示。旋转手柄即可调节方孔的大小，以便夹持不同尺寸的丝锥或铰刀。铰杠长度应根据丝锥尺寸大小进行选择，以便控制攻螺纹时的扭矩，防止丝锥因施力不当而扭断。

图2-44 铰杠

丝锥分手用丝锥和机用丝锥，手用丝锥用于手工攻螺纹，机用丝锥用于在机床上攻螺纹。通常丝锥由两支组成一套，使用时先用头锥，然后再用二锥，头锥完成全部切削量的大部分，剩余小部分切削量将由二锥完成。

铰杠是用于夹持丝锥和铰刀的工具，如图2-44所示。

（二）套螺纹工具

套螺纹用的主要工具是板牙和板牙架。板牙是加工小直径外螺纹的成形刀具，一般用合金工具钢制造。板牙的形状和圆形螺母相似，它在靠近螺纹外径处钻了3～4个排屑孔，并形成了切削刃。板牙两端的切削部分做成2φ锥角，使切削负荷分配在几个刀齿上，中间部分是校准部分，校准部分的作用是起修光螺纹和导向作用，板牙的外圆柱面上有四个锥坑和一个V形槽，两个锥坑的作用是通过板牙架上两个紧固板牙螺钉将板牙紧固在板牙架内，以便传递扭矩。另外两个锥坑是当板牙磨损后，将板牙沿V形槽锯开，拧紧板牙架上的调节螺钉，螺钉顶在这两个锥坑上，使板牙孔做微量缩小以补偿板牙的磨损，调节范围为0.1～0.25 mm，如图2-45所示。

板牙架是夹持板牙传递扭矩的工具(见图2-46)，板牙架与板牙配套使用，为了减少板牙架的规格，一定直径范围内板牙的外径是相等的，当板牙外径与板牙架不配套时，可以加过渡套或使用大一号的板牙架。

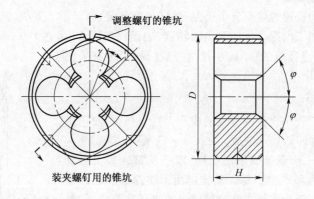

图2-45 板牙

（三）攻螺纹前螺纹底孔直径和深度的确定

攻螺纹时主要是切削金属形成螺纹牙形，但也有挤压作用，塑性材料的挤压作用更明显，所以攻螺纹前螺纹底孔直径要大于螺纹的小径，小于螺纹的大径，具体确定方法可以用查表法(见有关资料手册)确定，也可以用下列经验公式计算：

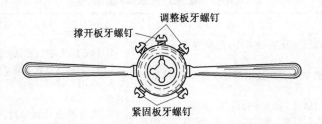

图 2-46 板牙架

$$D \approx d - P \quad \text{(适用于韧性材料)}$$
$$D \approx d - 1.1P \quad \text{(适用于脆性材料)}$$

式中　D——底孔直径，mm；
　　　d——螺纹大径，mm；
　　　P——螺距，mm。

攻盲孔螺纹时由于丝锥不能攻到底，所以底孔深度要大于螺纹部分的长度，其钻孔深度 L 由下列公式确定：

$$L = L_0 + 0.7d$$

式中　L_0——所需的螺纹深度，mm；
　　　d——螺纹大径，mm。

(四)套螺纹前工件直径的确定

套螺纹时主要是切削金属形成螺纹牙形，但也有挤压作用，所以套螺纹前如果工件直径过大则难以套入，如果工件直径过小套出的螺纹不完整，工件直径应小于螺纹大径，大于螺纹小径，具体确定方法可以用查表法确定(见有关资料手册)，也可以用下列公式计算：

$$D_0 \approx d - 0.13P$$

式中　D_0——工作大径，mm；
　　　d——螺纹大径，mm；
　　　P——螺距，mm。

二、基本操作

(一)攻螺纹

攻螺纹时用铰杠夹持住丝锥的方尾，将丝锥放到已钻好的底孔处，保持丝锥中心与孔中心磨合，开始时右手握铰杠中间，并用食指和中指夹住丝锥，适当施加压力并顺时针转动，使丝锥攻入工件 1~2 圈，用目测或直角尺检查丝锥与工件端面的垂直度，垂直后用双手握铰杠两端平稳地顺时针转动铰杠，每转 1/2 圈要反转 1/4 圈(见图 2-47)，以利于断屑排屑。攻螺纹时双手用力要平衡，如果感到扭矩很大时不可强行扭动，应将丝锥反转退出。在钢件上攻螺纹时要加机油润滑。废品产生原因及防止方法见表 2-7。

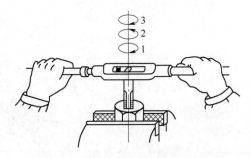

图 2-47 攻螺纹

表2-7 废品产生原因防止方法

废品类型	产生原因	防止方法
烂牙(乱扣)	1. 螺纹底孔直径太小,丝锥攻不进去,孔口烂牙; 2. 机攻时,丝锥校准部分全部攻出头,退出时造成烂牙; 3. 二锥与头锥不重合而强行攻削; 4. 攻制不通孔螺纹时,丝锥到底后仍继续扳转丝锥; 5. 用铰杠带着退出丝锥; 6. 丝锥刀齿上粘有积屑瘤	1. 检查底孔直径,把底孔扩大后再攻螺纹; 2. 机攻时,丝锥校准部分不能全部攻出头; 3. 换用二锥时,应先用手将其旋入,再用铰杠攻制; 4. 攻制不通孔螺纹时,要在丝锥上做出深度标记; 5. 能用手直接旋动丝锥时应停止使用铰杠; 6. 用磨石进行修磨除去
螺纹歪斜	1. 手攻时,丝锥位置不正; 2. 机攻时,丝锥与螺纹底孔不同轴	1. 目测或用角尺等工具检查; 2. 钻底孔后不改变工件位置,直接攻螺纹
螺纹牙深不够	1. 攻螺纹前底孔直径过大; 2. 丝锥磨损	1. 正确计算底孔直径并正确钻孔; 2. 修磨丝锥
螺纹表面粗糙度值过大	1. 丝锥前、后面表面粗糙度值过大; 2. 丝锥前、后角太小; 3. 丝锥磨钝; 4. 丝锥刀齿上粘有积屑瘤; 5. 没有选用合适的切削液; 6. 切屑拉伤螺纹表面	1. 重新修磨丝锥; 2. 重新刃磨丝锥; 3. 重磨丝锥; 4. 用磨石进行修磨; 5. 重新选用合适的切削液; 6. 应经常倒转丝锥,折断切屑,或采用左旋容屑槽

攻螺纹时注意事项:

(1)根据工件上螺纹孔的规格,正确选择丝锥,先用头锥后用二锥,不可颠倒使用。

(2)工件装夹时,要使孔中心垂直于钳口,防止螺纹攻歪。

(3)在钢件上攻内螺纹时,要加机油润滑,可使螺纹表面光洁、省力和延长丝锥使用寿命;在铸铁上攻内螺纹可不加润滑剂,或者加煤油;在铝及铝合金、紫铜上攻内螺纹时,可加乳化液。

(4)不允许用嘴直接吹切屑,以防切屑飞入眼内。

(二)套螺纹

套螺纹时用板牙架夹持住板牙,使板牙端面与圆杆轴线垂直,开始时右手握板牙架中间,稍加压力并顺时针转动,使板牙套入工件1~2圈(见图2-48),检查板牙端面与工件轴心线的垂直度(目测),垂直后用双手握板牙架两端平稳地顺时针转动,每转1~2圈要反转1/4圈,以利于断屑。在钢件上套螺纹也要加机油润滑,以提高质量和板牙寿命。套螺纹时常见的废品产生原因见表2-8。

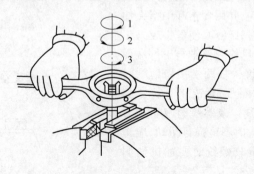

图2-48 套螺纹

表2-8 废品产生原因

废品类型	产 生 原 因
烂牙(乱扣)	1. 未进行必要的润滑； 2. 板牙未及时倒转,切屑堵塞把螺纹挤、碰掉一部分； 3. 圆杆直径太大； 4. 板牙歪斜太多,找正时造成烂牙
螺纹歪斜	1. 圆杆端部倒角不良,使板牙位置不易放准,放入时发生歪斜； 2. 两手用力不均匀,使板牙位置发生歪斜
螺纹中径小(齿形瘦小)	1. 板牙架经常摆动,使螺纹切去过多； 2. 板牙已切入仍继续施加压力
螺纹太浅	1. 圆杆直径太小； 2. 板牙调节直径过大

套螺纹时注意事项：

(1) 每次套螺纹前应将板牙排屑槽内及螺纹内的切屑清除干净。

(2) 套螺纹前要检查圆杆直径大小和端部倒角。

(3) 套螺纹时切削扭矩很大,易损坏圆杆的已加工面,所以应使用硬木制的V形槽衬垫或用厚铜板作保护片来夹持工件。工件伸出钳口的长度,在不影响螺纹要求长度的前提下,应尽量短。

(4) 套螺纹时,板牙端面应与圆杆垂直,操作时用力要均匀。开始转动板牙时,要稍加压力,套入3~4牙后,可只转动而不加压,并经常反转,以便断屑。

(5) 在钢制圆杆上套螺纹时要加机油润滑。

三、操作示范

(一) 攻螺纹(M16螺母)

攻螺纹的操作步骤见表2-9。

表2-9 攻螺纹的操作步骤

序号	操作内容	简 图	说 明
1	倒角	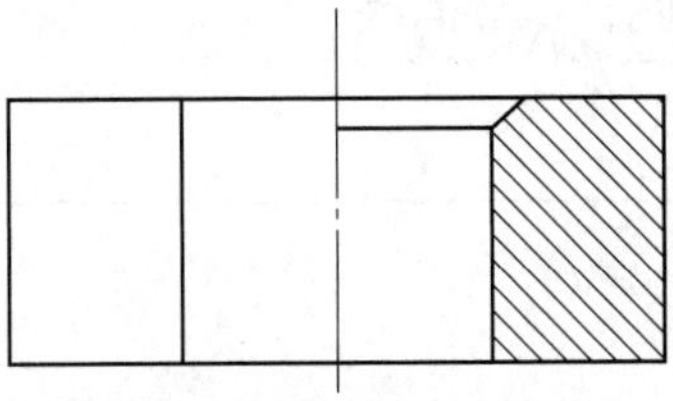	用 $\phi14$ mm 钻头钻底孔,用 $\phi20$ mm 钻头倒角
2	装夹工件	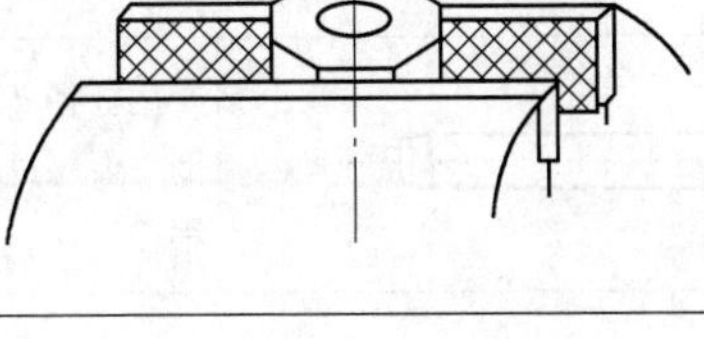	端面要水平

续表

序号	操作内容	简 图	说 明
3	攻入丝锥	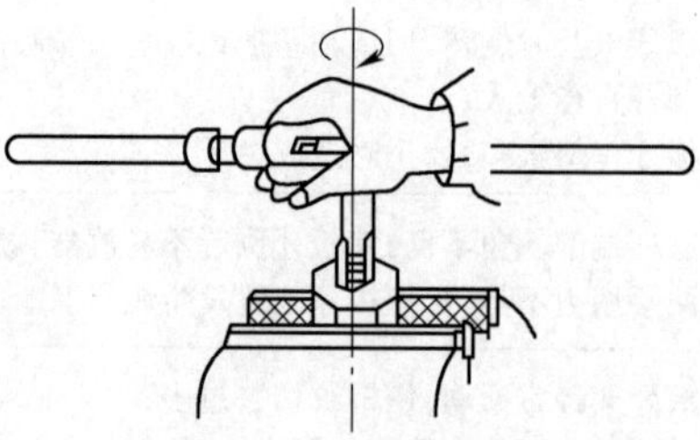	攻入 1~2 圈
4	检查垂直度	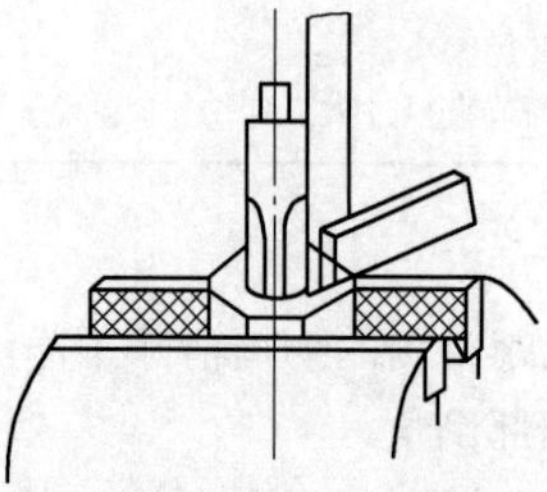	目测或用直角尺检查
5	攻螺纹	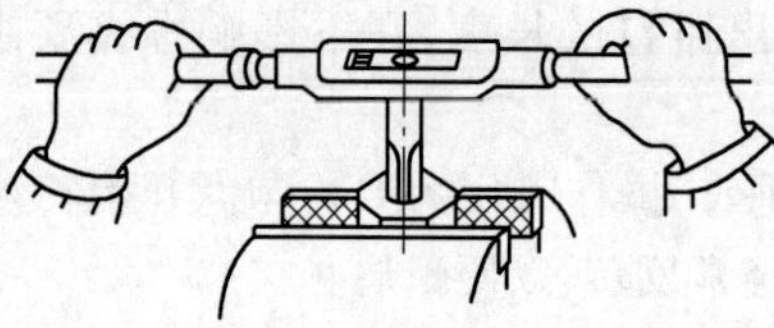	每转 1~2 圈后要反转 1/4 圈断屑
6	换丝锥	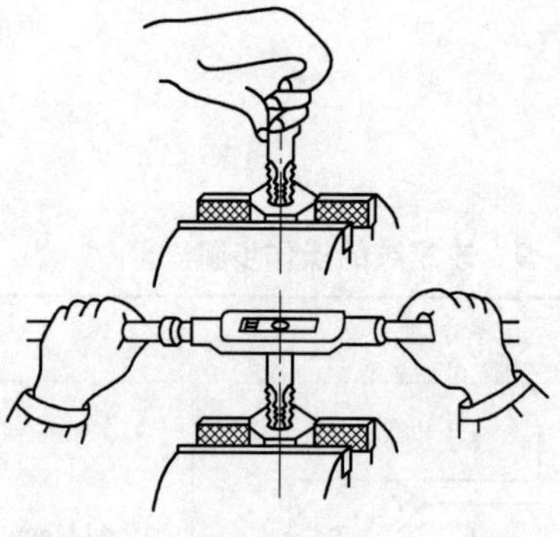	通孔攻螺纹时,可以攻到底使丝锥落下;盲孔攻螺纹时,攻到位后反转取下丝锥

(二)套螺纹(M16 双头螺柱)

套螺纹操作步骤见表 2-10。

表 2-10 套螺纹操作步骤

序号	操作内容	简 图	说 明
1	倒角	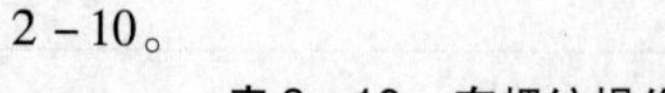	用杆径 $d=15.7$ mm 的杆倒角 15°~20°,倒角要超过螺纹全深,即最小直径小于螺纹小径

续表

序号	操作内容	简 图	说 明
2	装夹工件		要使工件垂直,并在不影响套螺纹的前提下,伸出钳口的高度尽量短
3	套入板牙		目测板牙端面与工件垂直
4	套螺纹		转 1~2 圈后反转 1/4 圈断屑,套完后反转取板牙
5	调头套另一端		装夹时不允许加紧螺纹面

【思考与练习】

1. 攻盲孔螺纹为什么不能攻到底?如何确定孔深?
2. 攻螺纹、套螺纹时为什么要倒角?
3. 攻 M16 螺母和套 M16 螺栓时,底孔直径和螺杆直径是否相同?为什么?
4. 攻螺纹时为什么要经常反转?
5. 有一铸铁件需要攻 M16 深 30 mm 的螺纹,螺距为 2 mm,用多大钻头钻孔?盲孔应钻多深?
6. 在 Q235-A 棒料上套 M12 螺纹时,螺距为 1.75,试问棒料直径多大?

任务2.7 刮 削

【相关知识与技能】

一、基本知识

刮削是利用刮刀在工件已加工表面上刮去很薄的金属层的操作。刮削是钳工的精密加工,能刮去机械加工遗留下来的刀痕、表面细微不平、工件扭曲及中部凹凸。经过刮削可以增加配合表面的接触面积,能提高配合精度,降低工件表面粗糙度值,减小摩擦阻力。刮削常用在工件形状精度要求高或相互配合的滑动表面,如划线平台、机床导轨、滑动轴承等。

刮刀是刮削的主要工具,刮刀一般是用碳素工具钢或轴承钢制成。常用刮刀有平面刮刀和曲面刮刀(三角刮刀),如图2-49所示。平面刮刀用于刮削平面和外曲面,曲面刮刀用于刮削内曲面。

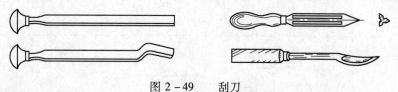

图2-49 刮刀

二、基本操作

(一)刮削前的准备

(1)将工件稳固地安放在适当高度(与腰部平齐),若工件较高应配脚踏板以便于操作。
(2)清理工件表面,去除油污、氧化皮等。
(3)准备好刮削工具和显示剂。

(二)刮削方法

1. 平面刮削方法

平面刮削方法有手刮法和挺刮法,常用挺刮法,如图2-50所示。

2. 曲面刮削方法

曲面刮削都是手持刮刀进行的,如图2-51所示。

(a)手刮法　　(b)挺刮法

图2-50 平面刮削方法

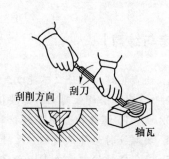

图2-51 曲面刮削方法

(三)刮削质量的检验

刮削质量的检验方法是研点法:在工件刮削表面均匀地涂上一层很薄的显示剂(红丹油),然后与校准工具(平板、心轴等)相配研。工件表面上的高点经配研后会磨去显示剂而显出亮点(贴合点)。刮削质量是以(25×25) mm^2 内贴合点的数目表示,如图 2-52 所示。贴合点数目多且均匀表明刮削质量高,超级平面(0 级划线平台、精密工具的平面)要求(25×25) mm^2 内贴合点高达 25 点以上。

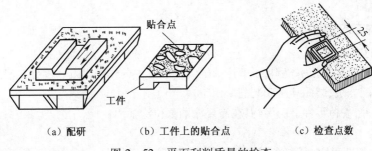

(a) 配研　　　(b) 工件上的贴合点　　　(c) 检查点数

图 2-52　平面刮削质量的检查

三、操作演示

(一)平面刮削

平面刮削时先将工件稳固地安放到合适位置,然后清理工件表面。刮削时首先进行粗刮,刮刀与工件表面上原加工刀痕方向约成 45°角,如图 2-52 所示,顺向,用长刮刀施较大的压力刮削,刮刀痕迹要连成一片,不可重叠,刮完一遍后改变刮削方向再刮,各次刮削方向应交叉,直到机械加工刀痕全部刮除,然后进行研点检查,粗刮时一般贴合点数在(25×25) mm^2 内要达到 4~6 点。

粗刮之后进行细刮,细刮时将粗刮后的贴合点逐个刮去,细刮用短刮刀,施较小压力,经反复多次刮削使贴合点数目逐渐增多,直到满足要求。平面刮削时细刮要求(25×25) mm^2 内贴合点达到 10~14 点,精刮要求(25×25) mm^2 内贴合点达到 20~25 点。

(二)曲面刮削

用三角刮刀刮削滑动轴承的轴瓦,先将轴瓦稳固地装夹到台虎钳上,清理工件表面并涂上显示剂,用与该轴瓦相配的轴或标准轴进行配研,显示出高点后,用刮刀顺主轴的旋转方向刮去高点,研出的高点全部刮去后再配研,再用刮刀顺主轴旋转方向刮去研出的高点,后两次刀痕要交叉成 45°,如图 2-53 所示。

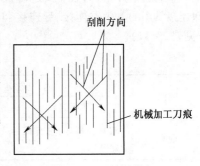

图 2-53　刮削方向

【思考与练习】

1. 刮削有何特点?应用在什么场合?
2. 刮削后表面精度如何检查?
3. 为什么粗刮时刮削方向不与机械加工留下的刀痕垂直?
4. 为什么滑动轴承都是做成两半轴瓦进行刮削?整体圆柱形轴套能否刮削?

任务2.8 装　配

【相关知识与技能】

一、基本知识

(一)装配的工艺过程

1. 装配前的准备

(1)熟悉图纸及有关技术资料,了解产品的结构和零件的作用以及各零件之间的连接关系。

(2)确定装配方法、装配顺序和装配所用工具。

(3)清洗零件,去掉零件上的污物,在需要涂油部位涂油。

2. 装配

根据机器的复杂程度,可先将两个或两个以上的零件组装在一起形成组件,形成组件的过程称组件装配。再将若干个组件或零件进一步组合构成部件,形成部件的过程称部件装配。最后将零件和部件组合成一台完整的机器,这个过程称总装配。

装配时,无论是部件装配或是总装配,都要先确定一个零件或部件为基准件,再将其他零件或部件装到基准件上。装配时一般先下后上,先内后外,先难后易。装配顺序要保证精度,提高效率,避免返工。

3. 装配工作的内容

(1)清洗。进入装配的零部件,装配前要经过认真的清洗。对机器的关键部件,如轴承、密封、精密偶件等,清洗尤为重要。其目的是去除黏附在零件上的灰尘、切屑和油污。根据不同的情况,可以采用擦洗、浸洗、喷洗、超声清洗等不同的方法。

(2)连接。装配过程中要进行大量的连接,连接包括可拆卸连接和不可拆卸连接两种。可拆卸连接常用的有螺纹连接、键连接和销连接。不可拆卸连接常用的有焊接、铆接和过盈连接等(见表2-11)。

表2-11 连接类型

类型	固定连接		活动连接	
	可拆卸	不可拆卸	可拆卸	不可拆卸
说明	螺栓与螺母、轴与键、固定销	铆接、焊接、压合、胶合等	丝杠与螺母、柱塞与套筒、轴与轴承等	任何活动连接的铆接头等

(3)校正、调整与配作。校正是指产品中相关零部件相互位置的找正、找平及相应的调整工作,在产品总装和大型机械的基本件装配中应用较多。例如,车床总装中主轴箱主轴中心与尾座套筒中心的等高校正等。调整是机械装配过程中对相关零部件相互位置所进行的具体调节工作以及为保证运动部件的运动精度而对运动副间隙进行的调整工作,如轴承间隙、导轨副间隙及齿轮与齿条的啮合间隙的调整等。配作是指配钻、配铰、配刮、配磨等,这是装配中附加的一些钳工和机械加工工作。配钻用于螺纹连接;配铰多用于定位销孔加工;而配刮、配磨则多用于运动副的接合表面。配作通常与校正和调整结合进行。

(4)平衡。对高速回转的机械,为防止振动,需对回转部件进行平衡。平衡方法有静平衡和动平衡两种。对大直径小长度零件可采用静平衡,对长度较大的零件则要采用动平衡。

(5)验收。验收是在机械产品完成后,按一定的标准,采用一定的方法,对机械产品进行规定内容的验收。通过检验可以确定产品是否达到设计要求的技术指标。

4. 装配的方法

装配时零件的加工误差会累积起来影响部件或产品的装配精度,因此在加工条件允许时,应当合理地限制有关零件的加工误差,使它们累积起来不超出装配精度的要求,这样在装配时就可以任意取用一个合格的零件进行装配,不需要任何调整和修配就可以保证装配的精度。也就是说,零件是完全互换的。这样的装配方法称为互换装配法。

当装配精度要求较高时,完全靠提高零件的加工精度来直接保证装配精度便显得很不经济,有时甚至不可能。在影响装配精度的相关零件较多时矛盾尤其突出。此时常常将零件的公差放大使它们按经济精度制造,在装配时用零件分组或调整修配某一个零件的方法来保证装配精度。这些装配方法分别称为分组装配法、调整装配法和修配装配法。下面介绍各种装配方法的特点和它们的应用范围。

(1)互换装配法。在装配时各配合零件不经修理、选择或调整即可达到装配精度的方法称为互换装配法。互换装配法的特点是装配质量稳定可靠,装配工作简单、经济、生产率高,零部件有互换性,便于组织流水装配和自动化装配,是一种比较理想和先进的装配方法。因此,只要各零件的加工在技术上经济合理,就应该优先采用。尤其是在大批大量生产中广泛采用互换装配法。

互换装配法又分为完全互换法和部分互换法(又称大数互换法)两种形式。完全互换法必须严格限制各装配零件相关尺寸的制造公差,装配时绝对不需要任何修配、选择或调整即能完全保证装配精度;在装配精度要求较高时,采用完全互换法会使零件制造比较困难,为了降低制造成本,在相关零件较多、各零件生产批量又较大时,根据概率论的原理可将各相关尺寸的公差适当放大,装配时在出现少量返修调整的情况下仍能保证装配精度,这种方法称为部分互换法。

(2)分组装配法。在成批或大量生产中,将产品各配合副的零件按实测尺寸大小分组,装配时按组进行互换装配以达到装配精度的方法,称为分组装配法。如某一轴孔配合时,若配合间隙公差要求非常小,则轴和孔分别要以极严格的公差制造才能保证装配间隙要求。这时可以将轴和孔的公差放大,装配前实测轴和孔的实际尺寸并分成若干组,然后按组进行装配,即大尺寸的轴与大尺寸的孔配合,小尺寸的轴与小尺寸的孔配合,这样对于每一组的轴孔来说装配后都能达到规定的装配精度要求。由此可见,分组装配法既可降低对零件加工精度的要求,又能保证装配精度,在相关零件较少时是很方便的。但是由于增加了测量、分组等工作,当相关零件较多时就显得非常麻烦。另外,在单件小批生产中可以直接进行选配或修配而没有必要再来分组。所以分组装配法仅适用于大批大量生产中装配精度要求很严,而影响装配精度的相关零件很少的情况下。例如:精密偶件的装配、活塞销和孔的装配等。

(3)修配装配法。修配法是将影响装配精度的各个零件按经济加工精度制造。装配时,通过去除指定零件上预先的修配量来达到装配精度的方法。实际生产中,常见的修配方法有以下三种:

①单件修配法。这种方法是选定某一固定的零件做修配件(补偿环),装配时用去除金属层的方法改变其尺寸,以满足装配精度的要求。

②合并加工修配法。这种方法是将两个或更多的零件合并在一起再进行加工修配,以减小累积误差,减少修配的劳动量。合并加工修配法由于零件合并后再加工和装配,给组织装配生产

带来很多不便,因此这种方法多用于单件小批生产中。

③自身加工修配法。在机床制造中,有些装配精度要求较高,若单纯依靠限制各零件的加工误差来保证,势必要求各零件有很高的加工精度,甚至无法加工,而且不易选择适当的修配件。此时,在机床总装时,用机床本身来加工自己的方法来保证机床的装配精度,这种修配法称为自身加工修配法。

(4) 调整装配法。在装配时用改变产品中可调整零件的相对位置或选用合适的调整件以达到装配精度的方法称为调整装配法。前者称为可动调整法,后者称为固定调整法。调整法有很多优点:除了能按经济精度加工零件外,装配比较方便,可以获得较高的装配精度,所以应用比较广泛。

(二)常用的装配工具

1. 扳手

扳手用于扳紧(或旋松)螺栓及螺母。扳手分为活动扳手、固定扳手和特殊扳手,其中固定扳手有固定开口扳手、套筒扳手、测力扳手和内六角扳手等,特殊扳手是根据机器的特殊需要专门制造的,如机床上的侧面孔扳手,如图2-54所示。

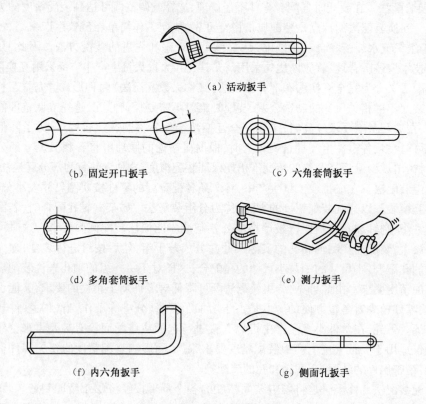

图 2-54 扳手

2. 螺丝刀(又称起子、改锥)

螺丝刀用于旋紧(或旋松)头部有沟槽的螺钉。螺丝刀分为一字头和十字头两种,分别对应螺钉头部的沟槽使用。选用时应注意刀口宽度与厚度应与螺钉头部沟槽的长度宽度相适配。

3. 弹性挡圈拆装用钳子

弹性挡圈拆装用钳子是装拆弹性挡圈的专用工具,分为轴用弹性挡圈装拆钳子[见图 2-55(a)]和孔用弹性挡圈装拆钳子[见图 2-55(b)]。

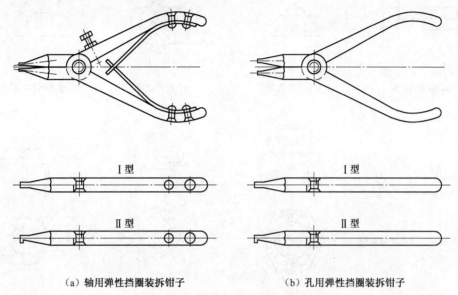

(a) 轴用弹性挡圈装拆钳子　　　　(b) 孔用弹性挡圈装拆钳子

图 2-55　弹性挡圈拆装用钳子

4. 其他常用工具

常用的装配工具还有弹性手锤(铜锤或木锤),拉卸工具(用于拆卸装在轴上的滚动轴承、带轮或联轴器)。

二、典型零件的装配

(一)螺纹连接

螺纹连接是机器中常用的可拆卸连接。装配时,螺栓螺母应能自由旋入,螺栓螺母各贴合面要平整、光洁,并且端面应与螺纹轴线垂直。方头、六角头螺栓、螺母等,用通用扳手即可旋紧,内六角螺钉用内六角扳手旋紧,头部带凹槽的螺钉用螺丝刀旋紧。旋拧的松紧程度要适当,对于有预紧力要求的螺纹连接,要采用测力矩扳手控制扭矩。在装配成组螺栓时要按一定顺序进行,并且不要一次拧紧,应按顺序分 2~3 次拧紧,以防受力不均,拧紧顺序如图 2-56 所示。

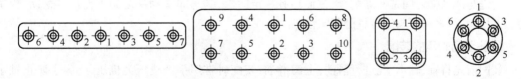

图 2-56　螺栓螺母的拧紧顺序

在冲击、振动、交变载荷及高温下工作的螺纹连接,在装配时要采用防松装置,如图 2-57 所示。

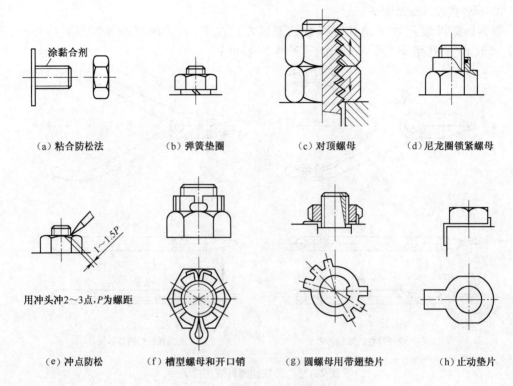

图 2-57 螺纹连接的防松方法

(二)销连接

销连接是用销钉把零件连接起来。使它们之间不能相互转动或移动。装配时先将两个零件紧固在一起进行钻孔、铰孔,以保证两个零件的销孔轴线重合,铰孔后应保证孔的尺寸精度和表面粗糙度,然后将润滑油涂在销钉上,用铜棒垫在销钉的端面上,用手锤打击铜棒,将销钉打入孔中。装配后销钉在孔中不允许松动。

(三)键连接

键连接主要用于轴套类零件的传动中,装配时先去毛刺,选配键,洗净加油,将键轻轻地敲入轴上键槽内,使键与键槽底接触,然后试装轮毂,若轮毂上的键槽与键配合太紧时,可修整轮毂上的键槽,但不允许松动。平键装配后,键的两侧不允许松动,键的顶面与轮毂间应留有间隙。楔键装配后,键顶面、底面分别与轮毂和键槽间不能松动,键两侧面与键槽间有一定间隙。导向键装配后键与滑动件之间是间隙配合,三面均有一定间隙,键与非滑动件之间不允许有松动,为了防止键松动,可采用埋头螺钉将键固定在非滑动件上。

(四)滚动轴承的装配

装配前先将轴、轴承、孔进行清洗,上润滑油;装配时常用手锤或压力机压装,为了防止轴承歪斜损伤轴颈,压力或锤击力必须均匀地分布在轴承圈上,为此可采用垫套加压。轴承压到轴上时,应通过垫套施力于轴承内圈端面,如图 2-58 所示。轴承压到机体孔中时,应施力于轴承外圈端面,如图 2-58(b)所示。若同时将轴承压到轴上和机体孔中时,内、外圈端面应同时施加压力,如图 2-58(c)所示。若轴承与轴是较大过盈配合时,可将轴承吊在 80~90 ℃油中加热,然后趁热装配。滚动轴承失效后可用拉卸工具(又称拉出器)拆卸,更换新轴承,如图 2-59 所示。

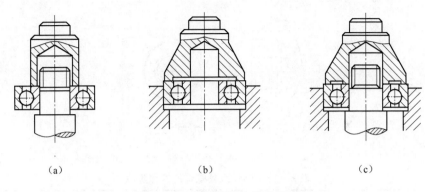

图2-58 用垫套压入滚动轴承

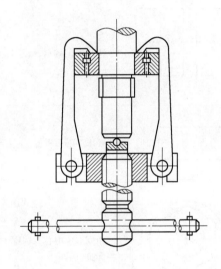

图2-59 轴承拉出器

【思考与练习】

1. 什么叫装配？基准件在装配中起什么作用？
2. 装配成组螺栓时，如何拧紧？
3. 如何装配滚动轴承？装配时应注意哪些问题？

任务2.9 综合操作

【相关知识与技能】

一、制作六角螺母

制作图2-60所示的M16六角螺母的操作步骤见表2-12。

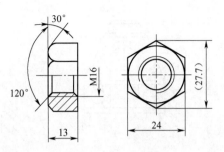

图 2-60 六角螺母

表 2-12 制作六角螺母的操作步骤

序号	操作内容	简图	说明
1	下料		用 φ30 的棒料，锯下 15 mm 坯料
2	锉两平面		要求两端面平行，并且与中心线垂直
3	划线		用划卡定中心，划中心线，钻孔。孔径线和六边形边线要打样冲眼
4	钻孔		用 φ14 的钻头钻孔，并用 φ20 钻头倒角，要求孔中心与端面垂直与外圆中心重合
5	攻螺纹		要求用 M16 丝锥攻螺纹

续表

序号	操作内容	简　图	说　明
6	锉六个侧面及倒角	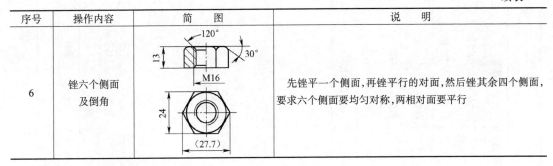	先锉平一个侧面,再锉平行的对面,然后锉其余四个侧面,要求六个侧面要均匀对称,两相对面要平行

二、制作正六方体

正六方体是钳工实训中综合练习的主要工件;此综合项目练习适用于34学时学生实训。通过制作过程可使学生所学各项基本操作(如量具、划线、锯削、锉削等)技能得到提高。

(一)工具、量具和设备

钢直尺、直角尺、游标卡尺、游标高度尺、平板、样冲、大平锉、小平锉、划规、划针、锯弓、锯条、毛刷、分度头等。

(二)加工方法及步骤

加工要求。正六方体粗加工时,要求锯削三个面、锉削三个面。其他技术要求见图纸。正六方体如图2-61所示。

正六方体的加工方法有两种。

1. 加工方法一

(1)下料:材料为20号钢或Q235钢。直径$\phi32$、下料长度53 mm。

(2)锉削端面:

①端面的技术要求为:平面度为0.1 mm,端面与侧面的垂直度为0.1 mm。

②锉削方法:使用大平锉和小平锉对工件端面进行锉削。锉削端面时尽量采用交叉锉法。交叉锉法的优点主要是:通过观察加工纹理,可以看到锉刀所锉削的位置是否是需要锉削的位置。从而确定锉刀向前推进时,是否水平推进。若有角度可及时调整。精加工时,可使用小平锉用推锉法进行锉削。要注意保证长度尺寸(50 ± 0.2) mm。

(3)划线:锉平端面后,应将毛刺清除,再将工件装夹在分度头上,用游标高度尺配合分度头进行分度,划出正六方体的加工界限,包括端面线和工件侧面的加工线。要保证正六方体的每个对应面(也称为对方)尺寸为(24 ± 0.1) mm。

(4)加工第一个基准面Ⅰ:用锯削、锉削的方法,粗、精加工出第一个基准面Ⅰ。方法是用手锯采用贴线锯的方式将其锯下,用大平锉采用交叉锉、推锉和顺向锉对基准面Ⅰ进行粗加工;再用小平锉对工件进行精加工。加工时不得超过加工线。即到线停止。此基准面Ⅰ与端面的垂直度及平面度、表面粗糙度达到技术要求。

(5)加工第二个基准面Ⅱ:此基准面Ⅱ和基准面Ⅰ相隔一个待加工面,即与基准面Ⅰ的角度为120°。其加工方法与要求与基准面Ⅰ相同。

(6)加工第三个基准面Ⅲ:此面与基准面Ⅰ、基准面Ⅱ相隔一个待加工面,既与基准面Ⅰ、基准面Ⅱ的角度为120°。其加工方法和要求与基准面Ⅰ相同。

(7)二次划线:以三个基准面为基准,将工件基准面放在平板上,用游标高度尺对工件的另外三个待加工面进行二次划线。划线尺寸(24 ± 0.1) mm。

20 /20 年第 学期钳工技能实训考核表

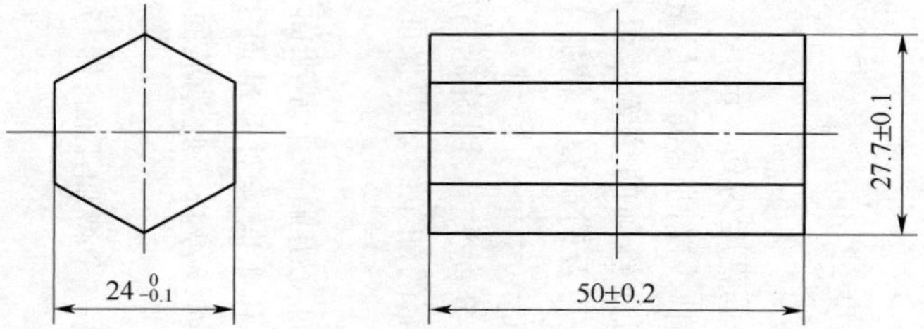

序号	考核内容	分数	评分标准	扣分
1	各部分长度尺寸	30	每处误差0.02扣0.5分	
2	平面度	6	每处误差0.02扣1分	
3	平行度	6	每处误差0.05扣1分	
4	垂直度	6	每处误差0.05扣1分	
5	表面粗糙度	6	每处误差1分	
6	安全文明生产	6	一次违章扣3分	

技术要求：1.每个对方平行度为0.1；
2.六个侧面相对于A基准的垂直度为0.1；
3.平面度为0.1。

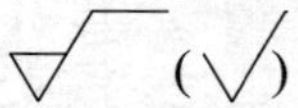

$\sqrt{\ (\sqrt{\ })}$

学号	姓名	班级	安全（15分）	纪律（15分）	实训报告（10分）	工作报告（60分）	总分	六棱柱	材料	45号钢
									得分	
									教师	

图 2-61 制作正六方体

(8)按加工线对工件的三个待加工平面用锉削的方法进行粗、精加工。粗加工时应尽量采用顺向锉法。此法的接触面较长,易于运平锉刀。精加工时,可采用小平锉推锉的方法进行加工。要保证其尺寸公差(24±0.1)mm,以及每个加工面与其相对应平面的平行度、粗糙度和与端面的垂直度达到技术要求,且与相邻平面的角度为120°。

2. 加工方法二

(1)下料、锉端面的方法与加"工方法一"相同。

(2)划线:找出圆心(方法略),通过圆心划出两垂直中心线。圆心上打出样冲眼,以13.85 mm长为半径划出外接圆,用六分法划出正六方体的加工线或用游标高度尺配合分度头进行分度,划出正六方体的加工界限。

(3)用锯削、锉削的方法,粗、精加工出六方体的一个面作为基准面。以此基准面为基准;粗、精加工其相对应的面。应达到尺寸公差、平行度、平面度、表面粗糙度以及与端面的垂直度等技术要求。

(4)分别粗、精加工与基准面相邻的两个面及与其相对应的面。相邻两个面的角度为120°。要保证加工面的平面度公差、表面粗糙度要求以及尺寸公差、平行度公差和垂直度公差。

(三)注意事项

(1)严格执行安全操作规程。

(2)划线尺寸要准确,线条要清晰,样冲眼要打准确。

(3)锯削、锉削加工时,加工面要平直。

(4)精加工时,要采用"勤量少锉"的方法,保证其各项技术要求。

(5)使用精密量具、精密划线工具时,要轻拿轻放,使用前要进行误差修正。

三、制作小手锤

小手锤的制作是钳工实训中综合练习的主要工件;此综合项目练习适用于68学时的学生实训。目的是使学生的划线、锯削、锉削、钻孔、扩孔、抛光等方面的综合技能得到提高。

(一)工具和设备

钢直尺、直角尺、游标卡尺、游标高度尺、平板、方箱、划规、划针、样冲、大平锉、小平锉、圆锉、锯弓、锯条、毛刷、手锤、直径 φ5 mm 和 φ10 mm 麻花钻头,以及分度头、台式钻床。

(二)加工方法和步骤

加工要求:在将直径为 φ32 mm 的圆钢粗加工成截面为四方形时,要求先锯削出其四个面(不包括两端面),尺寸为 22 mm×22 mm。然后用锉刀将四面体加工成截面为正四方形,尺寸为(20±0.1)mm×(20±0.1)mm。其技术要求见图纸,如图2-62所示。小手锤的加工方法有两种。下面逐一介绍。

1. 加工方法一

(1)下料:材料为45号钢、直径 φ32 mm 圆钢。锯削下料长度为113 mm。

(2)锉削端面:用大平锉、小平锉对工件端面进行锉削加工。锉削时尽量采用交叉锉法。此法的优点是通过锉削纹理方向的改变,可以判断出锉削位置是否正确,是否需要调整锉刀的运行角度。精加工时可使用小平锉推锉的方法对端面进行加工。要保证端面的平面度为0.1 mm,与圆柱侧面的垂直度为0.1 mm,表面粗糙度以及长度尺寸公差。

(3)一次划线:端面锉好后,清除毛刺。将直径 φ32 mm 的圆钢装夹在分度头上,装夹工件的长度不小于25 mm。用游标高度尺配合分度头进行分度,在圆钢端面及圆柱面上划出22 mm×22 mm 的加工线,并轻轻打上样冲眼。

20 /20 年第 学期钳工技能实训考核表

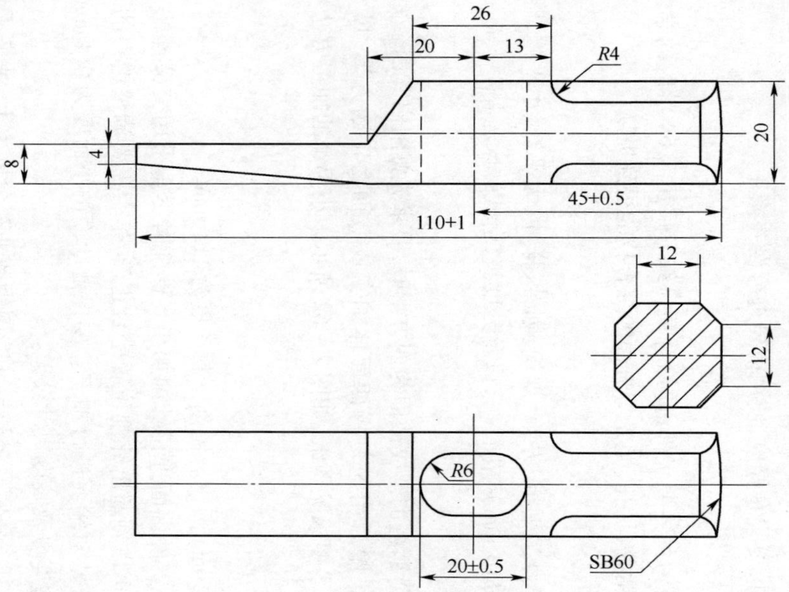

序号	考核内容	分数	评分标准	扣分
1	各部分长度尺寸	30	每处误差0.02扣0.5分	
2	平面度	5	每处误差0.1扣1分	
3	平行度	3	每处误差0.1扣1分	
4	垂直度	3	每处误差0.1扣1分	
5	表面粗糙度	2	每处误差扣1分	
6	倒角	2	每处误差扣3分	
7	挫球面	2	误差扣1分	
8	孔的形状和位置	3	每处误差扣2分	
9	安全文明生产	10	一次违章扣5分	

技术要求：
1. 平面度为0.1 mm；
2. 平行度为0.1 mm；
3. 垂直度为0.1 mm；
4. 四方体尺寸公差为（20±0.1）mm。

$\sqrt{Ra\,6.3}$ （$\sqrt{}$）

			材料	45号钢
		小手锤	得分	
安全（15分）	纪律（15分）	实训报告（10分）	工作报告（60分）	总分
学号	姓名	班级		教师

图 2-62 制作小手锤

(4)锯削四个面:将圆钢装夹在台虎钳上,使加工线垂直于钳口。用手锯将四个加工面依次锯下。锯削时要使锯条(锯条延伸面)也与钳口垂直。可采用按线锯,也可采用贴线锯。按线锯削时,加工余量 1 mm 左右,贴线锯时,加工余量 2 mm 左右;这两种方法可自己选择。锯削面要平直,不要出现较大的倾斜或扭曲,相邻两面要尽量垂直。

(5)锉削四个面:将工件装夹在台虎钳上,装夹已加工过的平面时,要使用铜皮钳口以防夹伤已加工过的平面。然后用大、小平锉刀将四个面依次锉平。锉削可采用顺向锉、推锉、交叉锉等方法。将工件加工成截面为(20±0.1) mm×(20±0.1) mm,长度为(110±1) mm 的长方体。

锉削平面时,若出现工件长度方向的中间凸起时,可采用推锉的方法,对凸起部位进行加工。当工件宽方向中间处凸起时,用小平锉在工件中间凸起部位,采用顺向锉削的方法进行加工。要防止过量加工出现中间凹陷的现象。

(6)二次划线:用游标高度尺、钢直尺、划针、样冲等划线工具划出锤尖部分的加工线。包括大、小斜面的加工线。并轻轻打上样冲眼。

(7)锯削锤尖部分:用手锯紧贴加工线,将锤尖多余部分锯削掉。锯缝要求平直,要注意留出单边加工余量不小于 0.5 mm。

(8)锉削锤尖部分:用大平锉、小平锉按加工线进行锉削加工。锉削可采用顺向锉、推锉、交叉锉等方法。要求各平面达到平面度、表面粗糙度的要求。较大面积平面的加工纹理应为顺向纹理,大斜面与平面的交接线要直、要清晰且垂直于相邻两边。交接线的位置不能出现圆滑过度的现象。推锉平面时,不可锉过而使平面出现凹陷的现象。精加工时,可使用小平锉进行加工。

(9)第三次划线:用游标高度尺、钢直尺、划针、划规、样冲、手锤等划线工具,划出孔加工界线。检查孔加工线,无误后轻轻打上样冲眼。要特别注意椭圆孔中心距的设计基准、划线基准与加工基准的区别。椭圆孔中心距的设计基准与划线基准重合,即孔中心距尺寸为 8 mm。而加工基准的设立,是在保证椭圆孔尺寸精度的前提下,为了提高效率,减少手工加工的工作量而设立的。加工基准即钻孔中心的中心距尺寸设定为 10 mm。钻孔中心位置的样冲眼直径要大(直径不能小于 2 mm)以利于钻头对准钻孔中心。

(10)钻孔:①用直径 ϕ5 mm 的麻花钻头在需要钻孔的位置(即孔中心距 10 mm 处)钻孔,孔深 5~8 mm。②小孔钻完后,再用直径 ϕ10 mm 钻头钻孔。钻孔时要及时断铁屑,以防铁屑太长划伤手臂。工件快钻透时,进刀要慢,压力要轻,以防工件随动。钻直径 ϕ10 mm 孔时,钻头要适当冷却,保持钻头硬度,防止钻头退火。

(11)椭圆孔的加工:①先用直径 ϕ8 mm 圆锉,将两孔的切口锉开;②再用小平锉在两圆孔相交的凸起处锉出一个 5~6 mm 宽的平台;将圆锉刀水平方向倾斜 30°~45°,然后向前推锉,对小平台进行锉削;锉削至加工线时停止。此加工方法可防止椭圆的圆弧面被小平锉锉伤。椭圆孔的直线部分也可用小平锉的锉刀尖进行锉削。锉削时要注意看前后两面的加工线,不得锉伤圆弧面。

(12)第四次划线:用游标高度尺划出倒棱的加工尺寸线。

(13)锉削倒棱:先用直径 ϕ8 mm 圆锉,锉削出倒棱上部半径为 4 mm 的圆角,圆角顶端不得超出尺寸线 32 mm。再用平锉锉削出倒棱面,倒棱面的纹理也应为顺向纹理。

(14)锉削锤头的曲面部分:用大平锉采用锉削外曲面的方法,将曲面锉出。

(15)抛光:先用小平锉轻锉各平面,以消除各平面的粗纹理。然后再用 100 号~200 号砂布沿工件长方向进行手工抛光,抛光时压力不要太大,速度要快,抛光至无较粗纹理时即可。较大平面的纹理应为顺向纹理。

2. 加工方法二

（1）下料、锉端面、一次划线与"加工方法一"相同。

（2）锯削两平面：用手锯对四个加工面中的任意两个相互垂直的待加工面进行锯削。锯削时尽量采用贴线锯的方法。锯削完成后的锯削面不但要本身平直，而且两加工面要互相垂直。

（3）锉削两基准面：用大平锉、小平锉对这两个平面进行加工。此两相互垂直的平面为基准平面。因此两平面的垂直度要达到技术要求。而且平面自身的平面度和表面粗糙度也要达到规定的技术要求，锉削方法与"加工方法一"中的平面锉削方法相同。

（4）二次划线：以两基准面为基准，放在划线平板上，将游标高度尺的高度调到 21 mm，在工件第三、第四待加工面的四周划上加工线并轻轻打上样冲眼。

（5）锯削第三、第四平面：用手锯紧贴加工线，对第三、第四平面进行锯削，锯削面要平直，不得扭曲、偏斜。

（6）锉削第三、第四平面：用大平锉、小平锉将两面依次锉平。锉削方法同"加工方法一"。把工件加工成截面形状为 $(20±0.1)$ mm × $(20±0.1)$ mm，长度为 $(110±0.1)$ mm 的长方体。要保证平面自身的平面度、表面粗糙度、相邻平面的垂直度，对应面的平行度达到规定的技术要求。

（7）锤头部分、椭圆孔部分、倒棱部分、曲面部分的加工以及抛光的方法与"加工方法一"相同。

（8）此加工方法的优点有：①减轻因连续锯削而产生的疲劳；②当加工出现一定的失误时，可通过划线和借料的方法进行修正，从而加工出一个合格的成品工件。

（三）注意事项

（1）严格执行安全操作规程。

（2）划线要准确，锯削、锉削要掌握要领。

（3）钻孔时不得戴手套，袖口要扎紧，戴防护眼睛，女生戴工作帽。

（4）工件必须装夹牢固，孔将要钻透时，要减小进给量。

（5）使用精密量具、精密划线工具时，要轻拿轻放，使用前要进行误差修正。

（6）精加工时，应常测量工件的尺寸，以防尺寸超差。

四、正四方体的方、孔配合

正四方体方孔配合是钳工强化培训的主要工件，此培训项目适用于 68～136 学时的学生实训。目的是进一步提高学生在校期间的钳工基本技能和综合加工能力。

（一）工具、量具和设备

1. 工具的配备

按照图纸要求和加工工艺准备以下工具：

300 mm 的大平锉、200 mm 的平锉、150 mm 的细齿小平锉、200～300 mm 的油光锉、200 mm 的三角锉、锯弓、锯条、平板、方箱、$\phi 4$ mm、$\phi 7.5$ mm、$\phi 7.6$ mm 麻花钻头，手锤、游标高度尺及其他划线工具。

2. 量具的配备

一级精度的直角尺、150 mm 游标卡尺、25～50 mm 外径千分尺、塞尺。

3. 设备

台式钻床。

（二）加工方法和步骤

加工要求：配合方式为基轴制，正四方体要做标准。其技术要求见图 2-63。

1. 正四方体的加工

在加工 $(40±0.1)$ mm × $(40±0.1)$ mm 正四方体时：

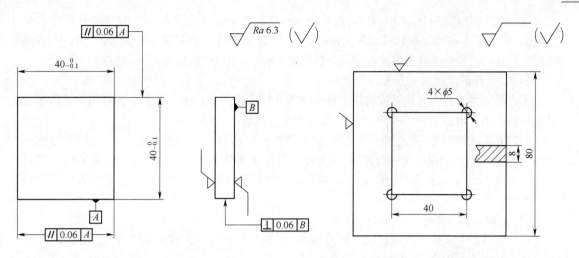

图 2-63 技术要求

（1）用锯削和锉削的方法，先将毛坯加工出一个平面，作为第一基准面 A。此面要保证平面度和表面粗糙度。

（2）再用同样的方法加工出与第一基准面 A 垂直的第二基准面。要保证平面度、垂直度和表面粗糙度达到技术要求。

（3）以第一基准面和第二基准面为基准，放在平板上，将游标高度尺调到 40 mm，划出第三、第四个待加工面的加工线。

（4）用锯削和锉削的方法，加工出第三、第四个平面。要保证平面度、平行度、垂直度、尺寸公差和表面粗糙度达到技术要求。

具体加工方法为：

①当单边余量大于 0.2 mm 时，以大平锉为主进行粗锉，同时要适当注意其平行度和垂直度。

②单边余量为 0.2 mm 左右时，以小细锉刀为主进行锉削，要注意其平行度和垂直度。

③单边余量为 0.1 mm 时，用小细锉刀推锉或用油光锉刀锉削的方法进行加工，要注意保证工件的尺寸精度、平行度、垂直度和表面粗糙度达到技术要求。

④采用"勤量少锉"的原则，即常进行测量而少加工的原则，减少了因锉削失误而引起的误差。

2. 四方孔的加工

（1）先将四方孔的加工线和工艺孔的中心线划出，打上样冲眼，然后再进行加工。加工时，首先遇到的问题是工艺孔的加工，由于工艺孔直径较小为 $\phi5$ mm，而钢板厚度为 8 mm，且材质不均匀，因此操作稍有不当则极易折断钻头。为了解决这个问题，采用最佳转速 800 r/min，并对钻头适当冷却，且压力不宜过大，即"轻压常冷"的方法。基本上解决了直径 $\phi5$ mm 钻头在钻孔时易折断的问题。

（2）在加工四方孔时，要去掉四方孔中间的多余部分，共有两种加工方法：

第一方法是：在对角线处钻两个直径 $\phi13$ mm 的孔，再用手锯锯割出四方孔内部多余部分，此方法为手工操作。

第二种方法是：用钻床钻排孔，再用手锤将四方孔内的多余部分打掉，此方法以机械加工为主，体能消耗较小。

（3）四方孔中间多余部分的加工方案确定为钻排孔的方法。

加工时，先把相邻两孔的中心距定为7.6 mm，双边加工余量约为2 mm。划完排孔的中心位置线后，采用直径φ7.5 mm钻头直接钻排孔的方法，加上钻孔的扩张量，两孔正好相切。此方法失误低，用时少，使学生有更多的时间用于精修四方孔。（单边余量约为1 mm左右）

(4) 四方孔的锉削加工方法。

①将钻完排孔的工件用手锤将其中间多余部分打掉后，选用300 mm大平锉对四方孔的四个面进行粗加工。粗加工完成时，每个面应留有加工余量0.2~0.3 mm。

②四方孔的精加工：先选择一个"对方"（即相对应的两个面）进行精加工，精加工时选用150 mm小平锉对两个面依次进行锉削，锉削时可用直锉和推锉相结合的方法。要保证"对方"尺寸不得超过39.9 mm，及两平面的平行度和平面本身的平面度。另一"对方"的加工方法同前一个"对方"。

(5) 正四方体方孔配合的加工方法。

正四方体的方孔配合应以正四方体为基准（基轴制），即正四方体加工完成后，通过加工、修改孔的尺寸来完成配合，具体的加工方法是：

①选四方体的一个"对方"（即相对应的两个面），用正四方体的一个"对方"，垂直放入四方孔的"对方"（见图2-64），将出现以下几种情况：

a. 正四方体能垂直放入孔的"对方"中，且能够左右移动，此时不需加工，用塞尺测量出配合间隙。

b. 正四方体能垂直放入方孔的"对方"中，不能够左右移动，这时使用小平锉刀（或油光锉刀）将孔的高出部分加工掉即可。

c. 正四方体不能垂直放入方孔的"对方"中，此时要估计其加工量，当加工量较大时，用150 mm小平锉，对孔的高出部分进行加工，一般情况下以推锉为主。当加工余量较小时，可用油光锉进行加工，锉削力不可过大，要"勤配少锉"，即锉削不宜过多，多用正四方体对孔的"对方"进行试配，此方法能避免因锉过度而造成的失误。直到正四方体的"对方"能垂直进入孔的"对方"中，同时，还必须能在孔的"对方"中左右移动，还要保证孔"对方"的平面度及配合间隙的大小。

②选四方孔的另一"对方"进行加工，操作方法同①。

③将正四方体整体放平后再垂直放入四方孔中（见图2-65）。若能放入，测量其间隙尺寸即可，若不能放入，可采用透光法或看四方孔平面上的亮点（挤压伤）的方法，找出高点位置，用油光锉或小平锉对四方孔四个面上的高点处进行加工，也要"勤配少锉"，直到能将正四方体垂直放入四方孔中。然后用塞尺测出四个配合面的配合间隙，看是否超差或超差多少。

图2-64　正四方体方孔配合一　　　　　图2-65　正四方体与孔的配合二

④第一次换位（倒方）配合，即将正四方体旋转90°，四方孔不动，再进行配合，其操作方法同③。

⑤第二次换位（倒方）配合，即将正四方体同方向再旋转90°，四方孔不动，进行配合，其操作

方法同③。

⑥第三次换位(倒方)配合,操作方法同④。直至完成配合。

(三)注意事项

(1)精加工正四方体时,采用"勤量少锉"的方法,确保其技术要求。

(2)钻排孔时要严格执行安全操作规程。

(3)方孔配合时,要采用"勤配少锉"的方法。

(4)配合时要将正四方体垂直放入四方孔中,避免因正四方体的倾斜而造成误差。

(5)使用精密量具、精密划线工具时,要轻拿轻放,使用前要进行误差修正。

【思考与练习】

1. 在制作手锤时,如果不用样板,应如何划线?

2. 制作钉锤头。图2-66和图2-67所示为小批生产锤头与锤柄的零件图,试拟定锤头的钳加工步骤,并加工出合格的锤头,经热处理,再将锤头尺寸(18.5±0.2)mm 磨削成(18±0.2)mm 后与锤柄装配成防松钉锤。

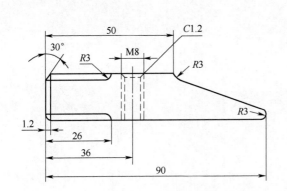
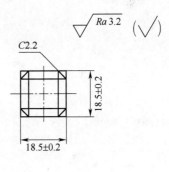

图2-66 钉锤头

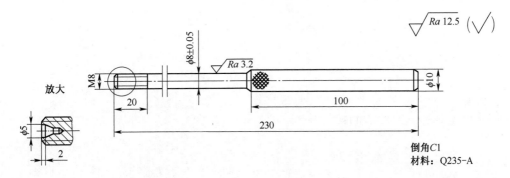

图2-67 锤柄

实训报告样例

考　核	实训报告	安全考试	出勤与纪律	考试工件	总成绩
实训指导教师					

一、实训内容

二、问答题

1. 锯削时,如何才能锯直?

2. 锉削有哪几种锉法?

3. 写出小手锤或正六方体制作工艺和步骤。

三、简答题
简述对钳工实训的认识,及对实训内容的掌握程度和收获。

【拓展阅读】

培养"大国工匠"精神

齿轮、轴承等这些机械设备的基础零件,虽然它们大小、结构、功能各不相同,这些零件是否完好,直接决定了设备的运行质量。所以对这些零件的修理是维修工作的重要环节,往往需要钳工的多道工序才能完成。只有以精益求精的"工匠精神",一丝不苟的工作态度完成工件的检修,才能保证设备的高质量运行。

工匠的出现几乎与人类的历史一样久远。在中国传统文化语境中,工匠是对所有手工艺(技艺)人,如木匠、铁匠、铜匠等的称呼。随着工业化时代的到来,现代工艺已经从手工艺发展到机械技术工艺和智能技术工艺。技艺水平的发展也标志着人类文明的进步。中国自古以来就是一个工艺制造大国,无数行业工匠的创造,是灿烂的中华文明的标识。在我国的工艺文化历史上,产生过鲁班、李春、李冰、沈括这样的世界级工匠大师,还有遍及各种工艺领域里像庖丁那样手艺出神入化的普通工匠。我国要成为世界范围内的制造强国,面临着从制造大国向智造大国的升级转换,对技能的要求直接影响到工业水准和制造水准的提升,因而更需要将中国传统文化中所深蕴的工匠文化在新时代条件下发扬光大。

工匠精神首先就是热爱劳动、专注劳动、以劳动为荣的精神。一切劳动者,只要肯学肯干肯钻研,练就一身真本领,掌握一手好技术,就能立足岗位成长成才,就能在劳动中发现广阔的天地,在劳动中体现价值、展现风采、感受快乐。工匠精神是对职业劳动的奉献精神,是干一行爱一行,在干中增长技艺与才能。发扬工匠精神,就要提高我们的爱岗敬业精神,劳动没有高低贵贱之分,任何一份职业都很光荣。劳动最崇高,劳动最光荣,在平凡的岗位干出不平凡的业绩,就是工匠精神的体现。无论是三峡大坝、高铁动车,还是航天飞船,都凝结着现代工匠的心血和智慧。

工匠精神是一丝不苟、精益求精的精神。重细节、追求完美是工匠精神的关键要素。几千年来,我国古代工匠制造了无数精美的工艺美术品,如历代精美陶瓷以及玉器。这些精美的工艺品是古代工匠智慧的结晶,同时也是中国工匠对细节完美追求的体现。现代机械工业尤其是智能工业对细节和精度有着十分严格的要求,细节和精度决定成败。大国工匠令人感动的地方之一,就是他们对精度的要求。如大国工匠彭祥华,能够把装填爆破药量的呈送控制在远远小于规定的最小误差之内;高凤林,我国火箭发动机焊接第一人,能把焊接误差控制在 0.16 mm 之内,并且将焊接停留时间从 0.1 s 缩短到 0.01 s;胡双钱,中国大飞机项目的技师,仅凭他的双手和传统铁钻床就可生产出高精度的零部件;等等。无数动人的故事告诉人们,我国作为制造大国,弘扬工匠精神、培育大国工匠是提升我国制造品质与水平的重要环节。

工匠精神的核心要素是创新精神。创新是一个民族进步的灵魂,是一个国家兴旺发达的不竭动力。一个民族的创新离不开技艺的创新。我们要以大国工匠和劳动模范为榜样,做一个品德高尚而追求卓越的人,积极投身于中华民族伟大复兴的宏伟事业中。

项目 3　车工实训

项目导读

在机械制造企业中,金属切削机床的种类很多,而应用最广泛的是机床,约占切削机床总数的一半。

车削加工是在车床上利用工件的旋转运动和刀具的移动来改变毛坯的形状和尺寸,将其加工成所需零件的一种切削加工方法。本项目将介绍车床的基本知识与常用工件的车削。

学习目标

1. 熟悉车床的结构,能够熟练操作各部分手柄。
2. 熟悉刃磨车刀的技巧与方法,根据刀具材料正确选择合适的砂轮,安全规范地刃磨各类车刀。
3. 能够正确装夹工件和车刀。
4. 能够根据工件材料、车刀材料和车床性能,合理选择切削用量。
5. 掌握轴类、套类、圆锥面、成形面、普通三角螺纹的车削方法,并能进行加工过程的控制。
6. 能够进行有关的尺寸测量与计算。
7. 养成文明生产的良好工作习惯和严谨的工作作风。
8. 在知识传授、能力培养中,弘扬社会主义核心价值观,培养学生实事求是,勇于克服困难的精神,树立正确的世界观、人生观、价值观,通过学习各种零部件的加工制作,懂得"工匠精神"的本质。

【机工(车工、刨工、铣工和磨工)实训安全事项】

(1)实训要穿工作服,戴工作帽,女同学必须将长发纳入帽内。

(2)实训应在指定机床上进行,不得乱动其他机床、工具或电器开关等。

(3)工作前,将机床需要润滑的部位注入润滑油,检查机床上有无障碍物,各操纵手柄和运动部件的位置是否恰当,开车空转 1~2 min,观察运转是否正常。

(4)两人或几个人同在一台机床上实训时,要相互配合,开车前必须先打招呼。

(5)工件和工具要装夹牢固,用卡盘夹紧工件(或用扳手紧固刀杆)后,应立即拿下扳手,以免主轴转动时飞出造成事故。

(6)严禁戴手套操纵机床。不准用手或棉纱擦摸转动着的工具、夹具和工件。不准用手直接清除切屑,不准用手刹车。

(7)不得敲击机床或在机床上放置工具及杂物。

(8)爱护工具、夹具、量具,使用精密量具时,更要精心保养。

(9)变速、换刀、更换和测量工件时,必须停车。

(10)不要站在切屑飞出的方向,以免受伤。

(11) 开车后,不准远离机床,如要离开必须停车。

(12) 工作完毕,应切断电源、清除切屑、擦洗机床。在导轨、丝杠、光杠等转动件上加润滑油,将各部件调整到正常位置上。

任务3.1 车削的基本认知

车削加工是在车床上,利用车刀切除工件旋转表面上多余的材料,以获得所要求的几何形状、尺寸精度和表面质量的加工方法。车削加工是金属切削加工的主要加工方法,它具有刀具简单,切削平稳,加工范围广(见图3-1),易于保证工件各加工表面的位置精度和适用于有色金属零件精加工等特点。

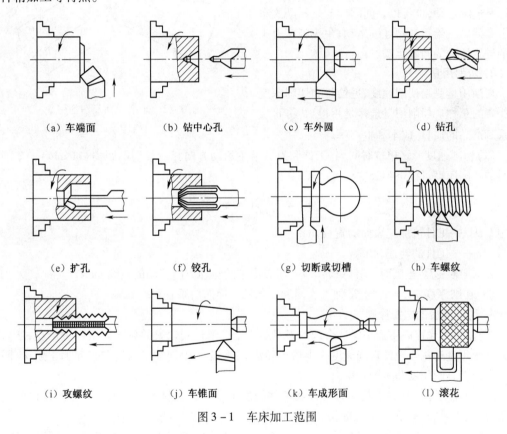

图3-1 车床加工范围

【相关知识与技能】

一、基本知识

(一) 切削运动和切削用量

1. 切削运动

切削运动是指机床为实现加工所必需的加工工具与工件间的相对运动。包括主运动和进给运动。

(1) 主运动是切除工件上的切削层,使之转变为切屑,从而形成工件新表面的运动。车削时的主运动是工件的旋转运动。主运动的速度越高,所消耗的功率越大。在切削运动中,主运动只有一个,是切削的最基本运动。例如,车床上工件的旋转运动(见图3-2);龙门刨床刨削时,工件的直线往复运动;牛头刨床上刨刀的直线往复运动;铣床上的铣刀、钻床上的钻头和磨床上砂轮的旋转运动等都是切削加工时的主运动。

(2) 进给运动是不断地把被切削层投入切削,以逐渐切削出新表面的运动。车削时的进给运动是刀具的连续移动。没有进给运动,就不能连续切削(见图3-2)。进给运动一般速度较低,消耗的功率较少,可由一个或多个运动组成。可以是连续运动,也可以是间歇运动。如卧式车床上车刀的进给运动是连续运动;牛头刨床上工件的进给运动为间歇运动。

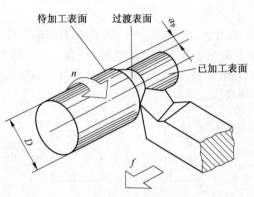

图3-2 车削运动及切削用量

2. 切削用量

切削用量是指切削速度、进给量和切削深度三要素的总称。切削用量选择是否得当,将直接关系到产品的质量、成本和生产率。

(1) 切削速度 v_c。单位时间内,工件和刀具沿主运动方向相对移动的距离(m/min)。车削加工时的切削速度可按下列公式计算:

$$v_c = \frac{\pi D n}{1000} (\text{m/min})$$

式中 D——工件待加工表面的直径,mm;
n——工件的转速,r/min。

(2) 进给量 f。车削时,工件每转一转,车刀沿进给运动方向移动的距离 mm/r。

(3) 切削深度 a_p。工件上待加工表面和已加工表面间的垂直距离 mm/r。

3. 切削用量的选择原则

粗车时,考虑提高生产率保证合理的刀具耐用度。要选用较大的背吃刀量和进给量,最后根据刀具耐用度选用合理的切削速度。半精车和精车时,必须保证加工精度和表面加工质量,同时还要考虑刀具耐用度和生产效率。

(1) 背吃刀量的选择。粗车时应根据工件的加工余量和材料的工艺性能选择。在保留半精车余量(约1~3 mm)和精车余量(0.1~0.5 mm)后,其余量应尽量一次加工。

半精车和精车时的背吃刀量是根据加工精度、表面粗糙度要求,由粗加工后留下的余量确定的。最后一刀的吃刀量不宜太小,一般为0.1~0.5 mm为宜,否则很难达到工件的表面粗糙度要求。

(2) 进给量的选择。粗车时,选择进给量主要应考虑机床进给机构的强度、刀具的强度、工件的材料性能、直径和长度等因素,在工艺系统刚性和强度允许的情况下,可选择较大的进给量。半精车和精车时,为了减小工件的弹性变形,减小已加工表面的粗糙度,一般多采用较小的进给量。

(3) 切削速度的选择。在保证合理的刀具寿命前提下,可根据生产经验和有关资料确定切削速度。在一般的粗加工范围内,用硬质合金车刀车削时,切削速度可按如下选择:切削热轧中碳钢,平均切削速度为 100 mm/min;切削合金钢,将以上速度降低 20%~30%;切削灰铸铁,平均切削速度为 70 mm/min;切削调质钢,比切削正火钢、退火钢降低 20%~30%;切削有色金属,比切削中碳钢的切削速度提高 100%~300%。

用硬质合金刀具精车时,一般采用较高的切削速度(80~100 mm/min)用高速钢刀具精车时宜采用较低的切削速度。

(二)金属切削过程

金属切削过程的实质是工件表层金属受刀具挤压,使金属层产生变形、挤裂而形成切屑,直至被切离的过程。

研究切削过程中的物理现象,如切屑的形成及种类,切削力、切削热和刀具磨损等对于保证加工质量,提高生产率,降低生产成本都具有十分重要的意义。

1. 切屑的种类

由于工件材料、刀具几何形状和切削用量不同,会形成不同类型的切屑,常见的切屑有带状切屑、节状切屑和崩碎切屑三种。其产生及特点见表 3-1。

表 3-1 切屑的种类及特点

种类	带状切削	节状切削	崩碎切削
产生	用大前角刀具、较高的切削速度和较小的进给量切削塑性材料	用较低的切削速度和较大的进给量粗加工中等硬度的钢材	切削铸铁、黄铜等脆性材料时,切削层不发生塑性变形就突然崩碎
特点	切削力平稳。加工表面光亮,不断屑,易刮伤工件和人,因此,应采取断屑措施	切屑的外表面有明显的锯齿状挤裂纹,内表面也有裂纹,切削力波动较大,工件表面较粗糙	切削力和切削热集中在刀尖附近,刀尖易磨损,易产生冲击和振动,降低了加工表面质量,产生的碎片易烫伤人

2. 切削热及切削液

切削过程中,切削层金属的变形及切屑、工件与刀具之间的摩擦所消耗的功,绝大部分要转变成切削热。这些热量将由切屑、工件、刀具和周围介质传出。

传入工件的热使工件升温变形,传入刀具的热虽少,但都集中在刀尖附近,使刀尖升温很高(高速切削时可达 1 000 ℃以上),加速了刀具的磨损。因此应设法减少摩擦及刀具的磨损,并迅速传出热量。生产中常使用切削液,它不但具有冷却、润滑作用,而且还有清洗和防锈等作用。

切削液的种类很多,性能各异,应根据工件材料、刀具材料、加工方法和加工要求合理选用。一般选用原则如下:

(1)粗加工。粗加工时切削用量较大,产生大量的切削热容易导致高速钢刀具迅速磨损。这时宜选用冷却性能为主的切削液(如质量分数为 3%~5% 的乳化液),以降低切削温度。硬质合金刀具耐热性好,一般不用切削液。在重型切削或切削特殊材料时,为防止高温下刀具发生黏结磨损和扩散磨损,可选用低浓度的乳化液或水溶液,但必须连续充分地浇注,切不可断断续续,以免因冷热不均产生很大热应力,使刀具因热裂而损坏。在低速切削时,刀具以硬质点磨损为主,宜选用以润滑性能为主的切削油;在较高速度下切削时,刀具主要是热磨损,要求切削液有良好的冷却性能,宜选用水溶液和乳化液。

(2)精加工。精加工以减小工件表面粗糙度值和提高加工精度为目的,因此应选用润滑性能好的切削液。加工一般钢件时,切削液应具有良好的润滑性能和一定的冷却性能。高速钢刀具在中、低速下(包括铰削、拉削、螺纹加工、插齿、滚齿加工等),应选用极压切削油或高浓度极压乳化液。硬质合金刀具精加工时,采用的切削液与粗加工时基本相同,但应适当提高其润滑性能。加工铜、铝及其合金和铸铁时,可选用高浓度的乳化液。但应注意,因硫对铜有腐蚀作用,因此切削铜及其合金时不能选用含硫切削液。铸铁床身导轨加工时,用煤油作切削液效果较好,但较浪费能源。

(3)难加工材料的加工。切削高强度钢、高温合金等难加工材料时,由于材料中所含的硬质点多、导热系数小,加工均处于高温高压的边界摩擦润滑状态,因此宜选用润滑和冷却性能均好的极压切削油或极压乳化液。

(4)磨削加工。磨削加工速度高、温度高,热应力会使工件变形,甚至产生表面裂纹,且磨削产生的碎屑会划伤已加工表面和机床滑动表面。所以宜选用冷却和清洗性能好的水溶液或乳化液。但磨削难加工材料时,宜选用润滑性好的极压乳化液和极压切削油。

(5)封闭或半封闭容屑加工。钻削、攻丝、铰孔和拉削等加工的容屑为封闭或半封闭方式,需要切削液有较好的冷却、润滑及清洗性能,以减小刀-屑摩擦生热并带走切屑,宜选用乳化液、极压乳化液和极压切削油。常用切削液的选用可参考表3-2。

表3-2 常用切削液的选用

工件材料		碳钢、合金钢		不锈钢		高温合金		铸铁		铜及其合金		铝及其合金	
刀具材料		高速钢	硬质合金	高速钢	硬质合金	高速钢	硬质合金	高速钢	硬质合金	高速钢	硬质合金	高速钢	硬质合金
加工方法	车 粗加工	3,1,7	0,3,1	4,2,7	0,4,2	2,4,7	0,4,2	0,3,1	0,3,1	3	0,3	0,3	0,3
	车 精加工	3,7	0,3,2	4,2,8,7	0,4,2	2,8,4	0,4,2,8	0,6	0,6	3	0,3	0,3	0,3
	铣 粗加工	3,1,7	0,3	4,2,7	0,4,2	2,4,7	0,4,2	0,3,1	0,3,1	3	0,3	0,3	0,3
	铣 精加工	4,2,7	0,4	4,2,8,7	0,4,2	2,8,4	0,4,2,8	0,6	0,6	3	0,3	0,3	0,3
钻孔		3,1	3,1	8,7	8,7	2,8,4	2,8,4	0,3,1	0,3,1	3	0,3	0,3	0,3
铰孔		8,7,4	8,7,4	8,7,4	8,7,4	8,7	8,7	0,6	0,6	5,7	0,5,7	0,5,7	0,5,7
攻丝		7,8,4	—	8,7,4	—	8,7	—	0,6	—	5,7	—	0,5,7	—
拉削		7,8,4	—	8,7,4	—	8,7	—	0,3	—	3,5	—	0,3,5	—
滚齿、插齿		7,8	—	8,7	—	8,7	—	0,3	—	5,7	—	0,5,7	—
工件材料		碳钢、合金钢		不锈钢		高温合金		铸铁		铜及其合金		铝及其合金	
刀具材料		普通砂轮		普通砂轮		普通砂轮		普通砂轮		普通砂轮		普通砂轮	
加工方法	粗磨	1,3		4,2		4,2		1,3		1		1	
	精磨	1,3		4,2		4,2		1,3		1		1	

本表中各数字的意义如下:
0—干切削液;1—润滑性不强的水溶液;2—润滑性强的水溶液;3—普通乳化液;4—极压乳化液;5—普通矿物油;6—煤油;7—含硫、含氯的极压切削液,或动植物油的复合油;8—含硫、氯、磷的极压切削液。

3. 刀具的磨损与耐用度

刀具使用一定时间后,因磨损而变钝,图3-3所示为车刀前后刀面的磨损情况,$h_前$表示前刀面磨损的月牙洼深度,$h_后$表示主后刀面磨损的高度。刀具磨损到一定程度后,就应该及时刃磨,否则将会增加机床的动力消耗,降低工件精度和表面质量,甚至损坏刀具。

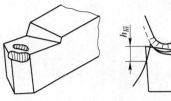

图3-3 车刀的磨损

刀具耐用度是指两次刃磨之间实际进行切削的时间,以$T(\min)$表示。在实际生产中,不可能经常测量磨损量,而是通过确定刀具耐用度,作为衡量刀具磨损限度的标准。因此,刀具耐用度的数值应规定得合理。对于制造和刃磨比较简单、成本不高的刀具,耐用度可定得低些;对于制造和刃磨比较复杂、成本较高的刀具,耐用度可定得高些。通常,硬质合金车刀T为60～90 min;高速钢钻头T为80～120 min;齿轮滚刀T为200～300 min。

影响刀具耐用度的因素很多,主要有工件材料、刀具材料、刀具几何角度、切削用量以及是否使用切削液等。切削用量中切削速度的影响最大。所以,为了保证各种刀具所规定的耐用度,必须合理地选择切削速度。

刀具破损也是刀具损坏的主要形式之一。以脆性大的刀具材料制成的刀具进行断续切削,或加工高硬度的工件材料时,刀具的破损最为严重。

(1)破损的形式。脆性破损:硬质合金和陶瓷刀具切削时,在机械和热冲击作用下,前、后刀面尚未发生明显的磨损前,就在切削刃处出现崩刃、碎断、剥落、裂纹等;塑性破损:切削时,由于高温、高压作用,有时在前、后刀面和切屑、工件的接触层上,刀具表层材料发生塑性流动而失去切削能力。

(2)破损的原因。在生产实际中,工件的表面层无论其几何形状,还是材料的物理、机械性能,都远不是规则和均匀的。例如,毛坯几何形状的不规则,加工余量不均匀,表面硬度不均匀,以及工件表面有沟、槽、孔等,都使切削或多或少带有断续切削的性质;至于铣、刨更属断续切削之列。在断续切削条件下,伴随着强烈的机械和热冲击,加以硬质合金和陶瓷刀具等硬度高、脆性大的特点,粉末烧结材料的组织可能不均匀,且存在着空隙等缺陷,因而很容易使刀具由于冲击、机械疲劳、热疲劳而破损。

(3)破损的防止。防止或减小刀具破损的措施:提高刀具材料的强度和抗热振性能;选用抗破损能力大的刀具几何形状;采用合理的切削条件。

(三)车床的型号

为了便于机床的设计、制造、选用和管理,国家制定了机床的编号方法。它是采用汉语拼音与阿拉伯数字相结合的方式,表示机床的类别、特性、组别、系列、主要参数和重大改进顺序等。详细内容可查阅GB/T 15375—2008《金属切削机床 型号编制方法》。

现以精密卧式车床的型号为例,说明其型号含义,如图3-4所示。

(四)卧式车床

在机械加工车间,车床约占机床总数的50%。车床的种类很多,有卧式车床、转塔车床、立式车床、自动和半自动车床等。

CA6140型卧式车床的外形如图3-5所示。它由床身与床腿、床头箱、挂轮箱、进给箱、溜板箱、光杠、丝杠、刀架和尾座等主要部件组成。

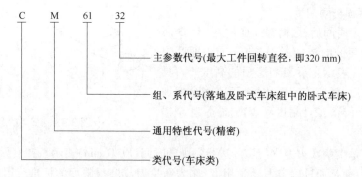

图 3-4 车床型号含义

1. 床身与床腿

床身是用来支承和连接各个部件,并保证各部件相互位置精度的基础零件。床身顶面有相互平行的两条三角形导轨和两条平面导轨,外侧两条供溜板箱纵向移动用,中间两条供尾座移动和定位用。

床身由床腿支承,并紧固在地基上。

2. 床头箱

床头箱用来支承主轴,内部装主轴变速机构。主轴的旋转是由电动机驱动 V 带,再经床头箱内变速机构,传给主轴实现的。改变床头箱外手柄的位置,可以使主轴获得不同的转速。

主轴是空心结构,以便穿入较长的棒料;主轴前部有锥孔,用以安装顶尖、钻头等;前端有外锥面,用以安装卡盘、拨盘等附件。

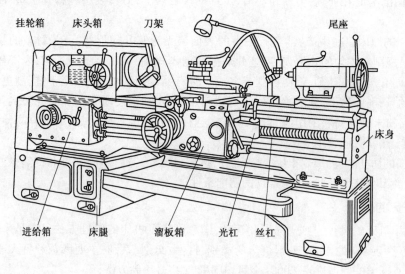

图 3-5 CA6140 型卧式车床的外形图

3. 挂轮箱

挂轮箱用来把主轴的转动传给进给箱,调换与搭配箱内不同齿轮,可得到不同的进给量,主要用于车螺纹。

4. 进给箱

进给箱用来把主轴的转动传给光杠或丝杠,箱内装有变速机构,改变箱外手柄的位置,可获得不同的进给量或螺距。

5. 溜板箱

溜板箱用来将光杠或丝杠的回转运动变为刀架的直线进给运动(光杠用于一般车削,丝杠用于车螺纹)。扳动箱外手柄,可使车刀作自动纵向、横向进给或车螺纹运动,摇动手轮可使车刀作手动纵向或横向进给运动。

6. 刀架

刀架用以夹持车刀,并使其作纵向、横向或斜向进给运动。它是由纵溜板、横溜板、转盘、小溜板和方刀架组成的多层结构,如图3-6所示。

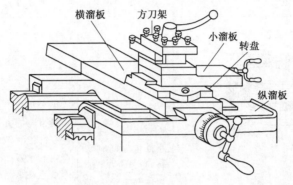

图3-6 刀架

(1)纵溜板。用以连接溜板箱,可随溜板箱沿床身导轨作纵向移动,其下面有横向导轨。

(2)横溜板。它可沿纵溜板顶面的导轨作横向移动。

(3)转盘。它与横溜板以定心圆柱面(止口)定位,并用螺栓紧固,松开紧固螺母,可在水平面内扳转任意角度,供小溜板作斜向进给运动。

(4)小溜板。它可沿转盘上面的燕尾导轨作短距离移动,扳转转盘成一定角度后,可使车刀作斜向进给,用以车出较短的圆锥面。

(5)方刀架。它被紧固在小溜板上,能同时装四把车刀,松开锁紧手柄,便可转动方刀架,将所需要的车刀转换到工作位置上,以实现快速换刀。

7. 尾座

尾座(见图3-7)是用来支持长轴类工件或装夹钻头等工具的,并可沿床身上面中间的两条导轨移动。它由套筒、尾座体、底座等几部分组成。

(1)套筒。其左端有锥孔,用来安装顶尖或钻头、丝锥、铰刀等工具或刀具。右端装有螺母,它与丝杠配合,松开锁紧手柄,摇动手轮可使套筒在尾座内移动一定距离,将套筒退到最后位置时,即可卸出顶尖或刀具。

(2)尾座体。它与底座配合,并由固定螺栓连成一体,松开尾座锁紧手柄,旋动调节螺栓,可使其沿底座上的导轨移动,以调整顶尖的横向位置。

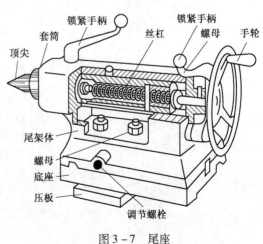

图3-7 尾座

(3)底座。它与床身上的导轨配合,松开尾座锁紧手柄,就可推移尾座至所需位置,紧固锁紧手柄,即可定位。

8. 车床附件

为了保证不同形状、尺寸的工件能准确、可靠、迅速地装夹在车床上,以达到优质、高产、低消耗地生产零件的目的。车床常使用一些附件,如三爪卡盘、四爪卡盘、花盘、顶尖与拨盘、中心架和跟刀架等,其构造原理、使用方法、特点及应用,见表3-3。

表3-3 车床附件一览表

附件名称	构造原理图	说明	使用方法	特点及应用
三爪卡盘	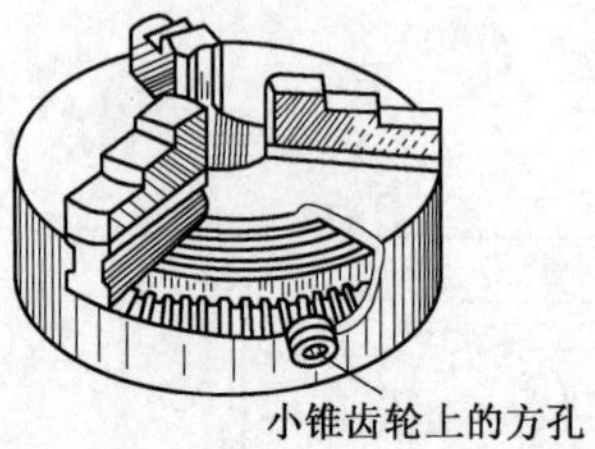 (a) 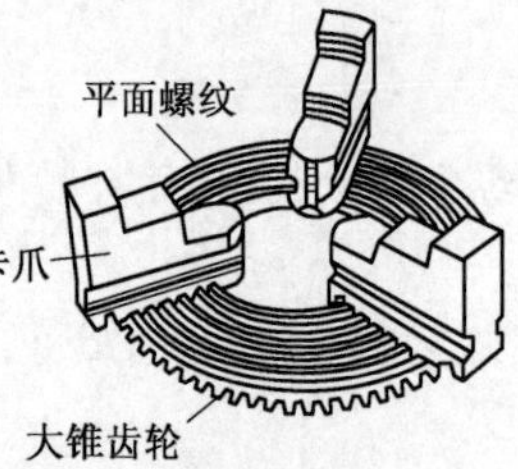 小锥齿轮上的方孔 (b) 平面螺纹、卡爪、大锥齿轮	卡盘内有一个大锥齿轮与三个小锥齿轮同时啮合,与背面有平面螺纹与三个卡爪背面平面螺纹相啮合	用卡盘扳手插入小锥齿轮的方孔内(三个之中任何一个),转动扳手使三个爪手在卡盘体的径向槽内,同时作向心或离心移动,易夹紧或松开工件	特点: 1. 三个卡爪可自动定心,装夹方便; 2. 卡紧力不大; 3. 精度不大(0.05~0.15 mm)。 应用:最广泛,适用于中小型盘类或轴类零件的装夹
四爪卡盘	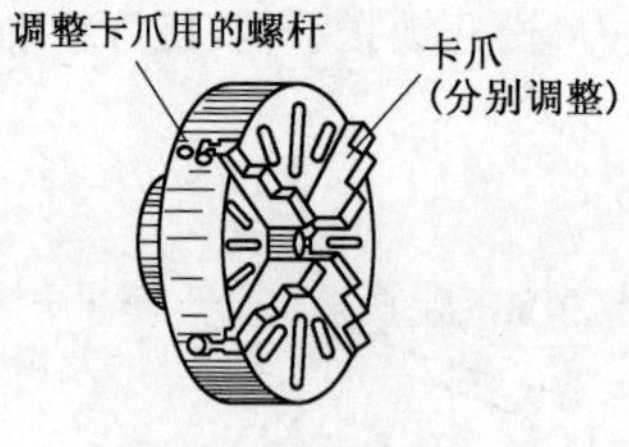 (a) 四爪卡盘 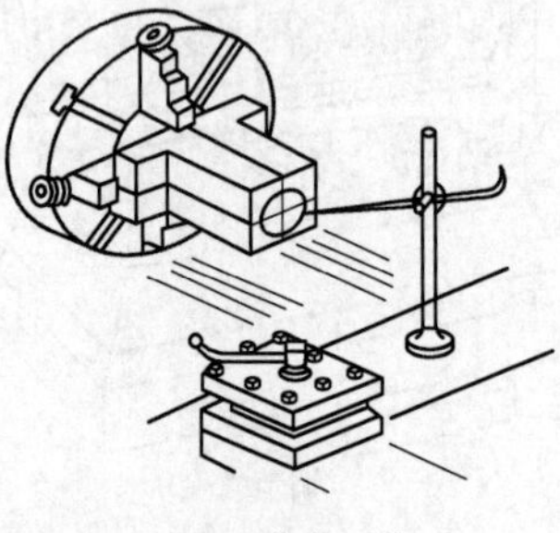 调整卡爪用的螺杆、卡爪(分别调整) (b) 装夹工件	四个卡爪分别安装在卡盘体的四个槽内,卡爪背面有半瓣内螺纹,分别与四个螺杆啮合,转动每个螺杆,可逐个调整卡爪位置	1. 装夹前,先将工件划出加工线; 2. 用卡盘扳手插入螺杆的方孔内,转动扳手,初步调整每个卡爪位置,并夹上工件; 3. 用划针,按加工线,逐个调整卡爪位置,找正工件并夹紧	特点: 1. 夹紧力大; 2. 找正费工时。 应用:适于装夹形状不规则或较大的零件

续表

附件名称	构造原理图	说明	使用方法	特点及应用
花盘	平衡铁、花盘、工件、螺栓孔槽、安装基面、弯板	花盘上的长、短径向导槽,可供紧固工件,或装平衡铁时,穿螺栓用	1. 先将弯板夹在花盘上; 2. 将工件夹在弯板上; 3. 装上平衡铁; 4. 调整各自位置; 5. 空转,找平衡;车端面与内孔	特点: 1. 可装夹由三爪或四爪卡盘无法装夹的工件; 2. 找正费工时。 应用:可装夹形状不规则的工件
顶尖	(a) 普通顶尖(尾部、锥部、60°) (b) 中心钻和中心孔(工件、60°、60°) (c) 用双顶尖装夹(拨盘、卡箍) (d) 一夹一顶 (e) 锥套	顶尖分普通顶尖和活顶尖(内有轴承),前者用于低转速和精加工时装夹工件,后者用于高速切削和粗加工; 顶尖尾部有锥度,可与主轴或尾座的锥孔配合	1. 工件端面先钻中心孔(见图 b); 2. 装夹前抹润滑脂于中心孔内; 3. 用双顶尖装夹时,需借助拨盘(或卡盘)和卡箍(鸡心夹头),使工件旋转(见图 c); 4. 也可用一夹一顶的方法(见图 d); 5. 使用小顶尖装入大锥孔时,可加锥套(见图 e); 6. 顶尖与工件的间隙可用尾座手轮调节,调好后,锁紧尾座及套筒	特点: 1. 附件简单; 2. 装夹方便可靠; 3. 用双顶尖装夹时,精度较高。 应用:一般在 $4 < l/d < 10$ 时用,适于要求使用同一装夹基准多次装夹的细长轴类件,如车、铣、磨等工序都用中心孔作定位基准

续表

附件名称	构造原理图	说明	使用方法	特点及应用
中心架	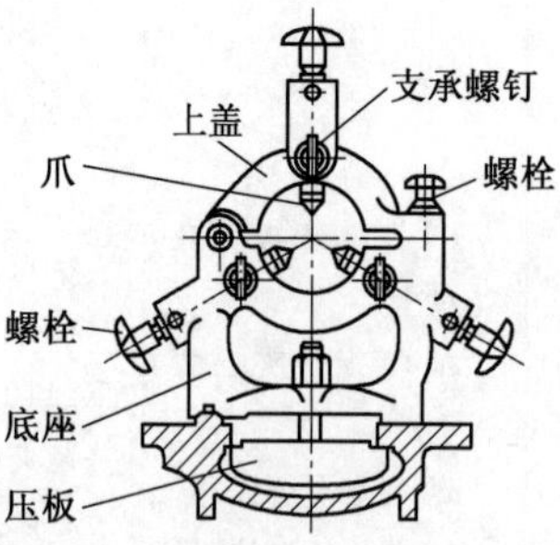 (a) 中心架 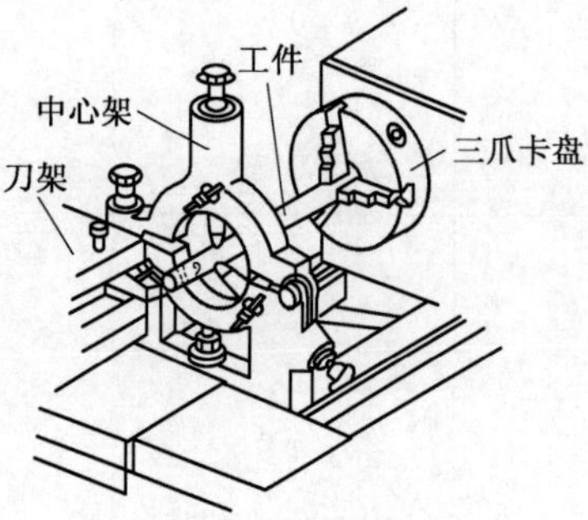 (b) 中心架工作情况	由上盖、底座和压板组成，有三个单独调节的螺栓和支承爪，用来径向支持旋转的工件，加工时与工件无相对轴向运动	1. 用三爪卡盘和顶尖支持工件时，先在工件需要支承处车出一段光滑表面，之后卸下工件； 2. 将中心架装在床身顶面的内测导轨上； 3. 打开上盖，装上工件，借助顶尖调工件与支承爪位置和间隙，三个爪压力一样大，间隙适中，锁紧支承爪，向支点加油，以防磨坏工件	特点：可增加工件的刚性。 应用：用于支持长轴（$l/d>10$）、阶梯轴及轴的端面和内孔都需加工的轴类工件
跟刀架	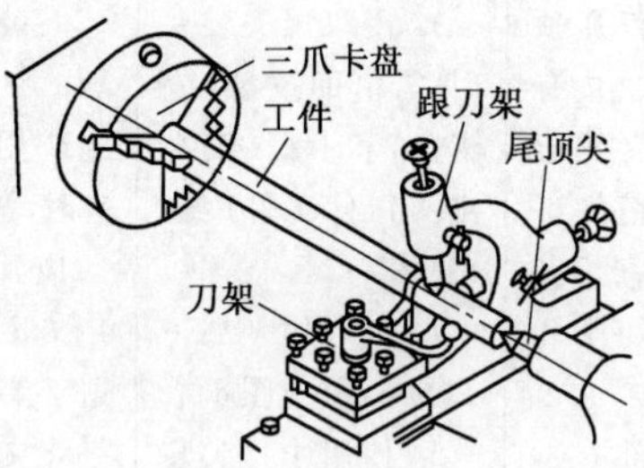	跟刀架上有两个调节螺栓和支承爪径向支承旋转的工件，加工时与刀具一起沿工件轴向运动	1. 用顶尖和三爪卡盘夹持工件，并在接近顶尖一端车出一段光滑圆柱面； 2. 将跟刀架装在刀架纵溜板上，用时随它一起动； 3. 调节方法基本同中心架	特点：增加工件刚性的效果好于中心架。 应用：适于夹持精车细长的光轴（$l/d>10$）类工件，如丝杠、光杠等

二、设备使用及维护保养

(一) 车床的润滑方式

车床的润滑方式有以下几种：

1. 浇油润滑

浇油润滑常用于外露的滑动表面，如床身导轨面和滑板导轨面等。

2. 溅油润滑

溅油润滑常用于封闭的箱体中。如主轴箱中的传动齿轮将箱底的润滑油溅射到箱体上部的油槽中,然后经槽内油孔流到各润滑点进行润滑。

3. 油绳导油润滑

油绳导油润滑常用于进给箱和溜板箱的油池中,利用毛线既易吸油又易渗油的特性,通过毛线把油引入润滑点,间断地滴油润滑,如图3-8(a)所示。

4. 弹子油杯注油润滑

弹子油杯注油润滑常用于尾座、中滑板摇手柄转动轴承处,润滑时用油嘴压下油杯中的弹子,滴入润滑油,如图3-8(b)所示。

5. 黄油杯润滑

黄油杯润滑常用于挂轮架的中间齿轮或不便经常润滑处。在黄油杯内加满钙基润滑脂,需要润滑时,旋转油杯盖,杯中的油脂就被挤压到润滑点中去,如图3-8(c)所示。

6. 油泵输油润滑

常用于转速高、需要大量润滑油连续强制润滑的场合。如主轴箱内的润滑,如图3-9所示。

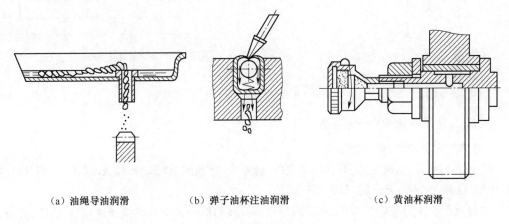

(a) 油绳导油润滑　　　　(b) 弹子油杯注油润滑　　　　(c) 黄油杯润滑

图3-8　润滑的几种方式

(二) 车床各部位的润滑方法

图3-10所示为CA6140型车床润滑系统示意图。润滑部位用数字标出。图中除所注②处的润滑部位是用2号钙基润滑脂进行润滑外,其余各部位都用30号机油润滑。换油时,应先将废油放尽,然后用煤油把箱体内清洗干净后,再注入新机油,注入时应用网过滤,且油面不得低于油标中心线。

图3-10中,㉚表示30号机油,圈中的分子数字30表示润滑油为30号机油,其分母数字表示两班制工作时换(添)油间隔的天数。如 $\frac{30}{7}$ 表示润滑油为30号机油,两班制换(添)油间隔天数为7天。

主轴箱内的零件用油泵循环润滑和飞溅油润滑。箱内润滑油一般3个月更换1次。主轴箱体上有一个油标,若发现油标内无油输出,说明油泵输油系统有问题,应立即停车检查断油的原因,待修复后才能开动车床。

进给箱内的齿轮和轴承,除了用齿轮飞溅润滑外,进给箱上部还有用于油绳导油润滑的储油槽,每班应给该储油槽加1次油。

交换齿轮箱中间齿轮轴轴承是黄油杯润滑,每班润滑1次。7天加1次钙基润滑脂。

尾座和中、小滑板手柄的轴承及光杠、丝杠、刀架转动部位靠弹子杯润滑,每班润滑1次。

此外,床身导轨、滑板导轨在工作前后都要擦干净,然后用油枪加油。

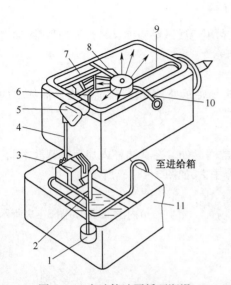 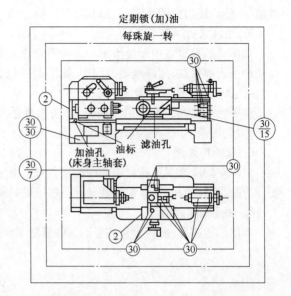

图3-9 主油箱油泵循环润滑
1—网式滤油器;2—回油管;3—油泵;
4、6、7、9、10—油管;5—过滤器;8—分油器;11—床腿

图3-10 CA6140型车床润滑系统

(三)车床的日常维护和一级保养

1. 车床的日常维护、保养要求

(1)每天工作后,切断电源,对车床各表面、各罩壳、导轨面、丝杠、光杠、各操作手柄和操作杆进行擦拭,做到无油污、无铁屑、车床外表清洁。

(2)每周保养床身导轨面和中、小滑板导轨面及转动部位。要求油路畅通、油标清晰,并清洗油绳和护床油毛毡,保持车床外表清洁和工作场地整洁。

2. 车床的一级保养要求

通常当车床运行500 h后,需进行一级保养。其保养工作以操作工人为主,在维修工的配合下进行。保养时,必须先切断电源,然后按下述顺序和要求进行。

1)主轴箱的保养

(1)清洗滤油器,使其无杂物。

(2)检查主轴锁紧螺母有无松动,紧定螺钉是否拧紧。

(3)调整制动器及离合器摩擦片的间隙。

2)交换齿轮箱的保养

(1)清洗齿轮、轴套,并在油杯中注入新的油脂。

(2)调整齿轮啮合间隙。

(3)检查轴套有无晃动现象。

3)滑板和刀架的保养

拆洗刀架和中、小滑板,洗净擦干净后重新组装,并调整中、小滑板与镶条间隙。

4)尾座的保养

摇出尾座套筒,并擦净涂油,保持内外清洁。

5) 润滑系统的保养

(1) 清洗冷却泵、滤油器和盛液盘。

(2) 保证油路通畅,油孔、油绳、油毡清洁无铁屑。

(3) 保持油质良好,油杯齐全,油标清晰。

6) 电气系统的保养

(1) 清扫电动机、电气箱上的尘屑。

(2) 电气装置固定整齐。

7) 外表的保养

(1) 清洗车床外表面及各罩盖,保持其内外清洁,无锈蚀、无油污。

(2) 清洗三杠。

(3) 检查螺钉、手柄是否齐全。

【思考与练习】

1. 车床由哪些主要部分组成?各部分有何功能?
2. 车床上的主运动和进给运动是如何实现的?
3. CA6140型车床的润滑有哪些具体要求?
4. 车床的日常维护、保养有哪些具体要求?
5. 什么是切削用量三要素?它们是如何定义的?
6. 车削直径为 $\phi60$ mm 的短轴外圆,若要求一次进刀车到 $\phi55$ mm,当选用 80 m/min 的切削速度时,试问切削速度和主轴转速应选多大?

任务3.2 车刀的认知

【相关知识与技能】

一、车刀简介

(一) 车刀的种类和用途

车刀的种类很多,其分类方法可按车刀的用途、形状、结构、加工精度或材料等进行分类。常用车刀有外圆车刀、端面车刀、切断刀、内孔车刀、圆头车刀和螺纹车刀等,如图3-11所示。

各种车刀的用途如图3-12所示。

外圆车刀:(90°车刀,又称偏刀)用于车削工件的外圆、台阶和端面。

端面车刀:(45°车刀,又称弯头车刀)用于车削工件的外圆、端面和倒角。

切断刀:用于切断工件或在工件上车槽。

内孔车刀:用于车削工件的内孔。

圆头车刀:用于车削工件的圆弧面或成形面。

螺纹车刀:用于车削螺纹。

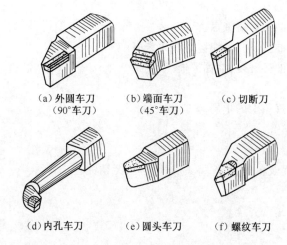

(a) 外圆车刀　　(b) 端面车刀　　(c) 切断刀
(90°车刀)　　(45°车刀)

(d) 内孔车刀　　(e) 圆头车刀　　(f) 螺纹车刀

图 3-11　常用车刀

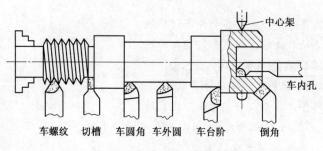

车螺纹　切槽　车圆角　车外圆　车台阶　倒角

图 3-12　常用车刀的用途

(二) 车刀的材料

1. 车刀材料应具备的性能

切削过程中,刀具切削部分是在很大的切削力、较高的切削温度及剧烈摩擦等条件下工作的,同时,由于切削余量和工件材质不均匀或切削时形不成带状切屑,还伴随冲击和振动,因此刀具切削部分材料的性能应具备以下基本要求:

(1) 高的硬度和耐磨性

硬度是刀具材料最基本的性能。刀具材料的硬度必须高于工件材料的硬度,以便刀具切入工件。在常温下刀具材料的硬度应在 60HRC 以上。耐磨性是刀具抵抗磨损的能力,在剧烈的摩擦下刀具磨损要小。一般来说,材料的硬度越高,耐磨性越好。刀具材料含有耐磨的合金碳化物越多、晶粒越细、分布越均匀,则耐磨性越好。

(2) 足够的强度和韧性

刀具材料只有具备足够强度和韧性,才能承受较大的切削力和切削时产生的振动,以防刀具断裂和崩刃。

(3) 较高的耐热性

高耐热性是指刀具在高温下仍能保持原有的硬度、强度、韧性和耐磨性的性能。

(4) 良好的工艺性

为便于刀具本身的制造,刀具材料还应具有良好的工艺性能,如切削性能、磨削性能、焊接性能及热处理性能等。

(5)经济性

经济性是评价刀具材料的重要指标之一,刀具材料的价格应低廉,便于推广。但有些材料虽单件成本很高,但因其使用寿命长,分摊到每个工件上的成本不一定很高。

2. 常用的车刀材料

目前,生产中所用的车刀材料以高速钢和硬质合金居多。碳素工具钢(如 T10A、T12A)、合金工具钢(如 9SiCr、CrWMn)因耐热性差,仅用于一些手工或切削速度较低的刀具。

(1)高速钢

高速钢是一种加入较多的钨、钼、铬、钒等合金元素的高合金工具钢。有较高的热稳定性,切削温度达 500~650 ℃时仍能进行切削;有较高的强度、韧性、硬度和耐磨性;其制造工艺简单,容易磨成锋利的切削刃,可锻造,这对于一些形状复杂的刀具,如钻头、成形刀具、拉刀、齿轮刀具等尤为重要,是制造这些刀具的主要材料。

高速钢按用途分为通用型高速钢和高性能高速钢;按制造工艺不同分为熔炼高速钢和粉末冶金高速钢。

①通用型高速钢:主要用于制造切削硬度不大于 300HB 的金属材料的切削刀具和精密刀具,常用的有 W18Cr4V、W6Mo5Cr4V2 钢。

W18Cr4V:含 W 为 18%、Cr 为 4%、V 为 1%。有较好的综合性能,在 600 ℃时其高温硬度为 48.5HRC,刃磨和热处理工艺控制较方便,可以制造各种复杂刀具。

W6Mo5Cr4V2:含 W 为 6%、Mo 为 5%、Cr 为 4%、V 为 2%。碳化物分布细小、均匀,具有良好的机械性能,抗弯强度比 W18Cr4V 高 10%~15%,韧性高 50%~60%。可做尺寸较大、承受冲击力较大的刀具;热塑性特别好,更适用于制造热轧钻头等;磨削加工性也好。目前应用较为广泛。

②高性能高速钢:在通用型高速钢的基础上再增加一些含碳量、含钒量并添加钴、铝等合金元素。按其耐热性,又称高热稳定性高速钢。在 630~650 ℃时仍可保持 60HRC 的硬度,具有更好的切削性能,耐用度较通用型高速钢高 1.3~3 倍。适合于加工高温合金、钛合金、超高强度钢等难加工材料。典型牌号有高碳高速钢 9W18Cr4V、高钒高速钢 W6Mo5Cr4V3、钴高速钢 W6MoCr4V2Co8、超硬高速钢 W2Mo9Cr4VCo8 等。

③粉末冶金高速钢:用高压氩气或纯氮气雾化熔融的高速钢钢水,直接得到细小的高速钢粉末,高温下压制成致密的钢坯,而后锻轧成材或刀具形状。有效地解决了一般熔炼高速钢时铸锭产生粗大碳化物共晶偏析的问题,而得到细小均匀的结晶组织,使之具有良好的机械性能。其强度和韧性分别是熔炼高速钢的 2 倍和 2.5~3 倍;磨削加工性好;物理、机械性能高度各向同性,淬火变形小;耐磨性提高 20%~30%,适合于制造切削难加工材料的刀具、大尺寸刀具、精密刀具、磨削加工量大的复杂刀具、高压动载荷下使用的刀具等。

(2)硬质合金

由难熔金属碳化物(如 WC、TiC)和金属黏结剂(如 Co)经粉末冶金法制成。因含有大量熔点高、硬度高、化学稳定性好、热稳定性好的金属碳化物,硬质合金的硬度、耐磨性、耐热性都很高。硬度可达 89~93HRA,在 800~1 000 ℃还能承担切削任务,耐用度较高速钢高几十倍。当耐用度相同时,切削速度可提高 4~10 倍。唯抗弯强度较高速钢低,仅为 0.9~1.5 GPa,冲击韧性差,切削时不能承受大的振动和冲击载荷。

国家标准化组织(ISO)将切削用的硬质合金分为三类:

①K 类(相当于老国标 YG 类):硬质合金由 WC 和 Co 组成。此类合金韧性、磨削性、导热性较好,较适于加工易产生崩碎切屑、有冲击切削力作用在刃口附近的脆性材料。

②P类(相当于老国标YT类):硬质合金除含有WC外,还含5%~30%的TiC。此类合金有较高的硬度和耐磨性,抗黏结扩散能力和抗氧化能力好;但抗弯强度、磨削性和导热系数下降,低温脆性大、韧性差。适于高速切削钢料。

应注意,此类合金不宜用于加工不锈钢和钛合金。因YT类硬质合金中的钛元素和工件中的钛元素之间的亲合力会产生严重粘刀现象,在高温切削及摩擦系数大的情况下会加剧刀具磨损。

③M类(相当于老国标YW类):在YT类中加入TaC(NbC)可提高其抗弯强度、疲劳强度、冲击韧性、高温硬度和抗氧化能力、耐磨性等。既可用于加工铸铁,也可加工钢件。因而又有通用硬质合金之称。

表3-4列出了各种硬质合金牌号的应用范围。

表3-4 常用硬质合金牌号的选用

牌号	用途
YG3	铸铁、有色金属及其合金的精加工、半精加工,要求无冲击
YG6X	铸铁、冷硬铸铁、高温合金的精加工、半精加工
YG6	铸铁、有色金属及其合金的半精加工与粗加工
YG8	铸铁、有色金属及其合金的粗加工,也可用于断续切削
YT30	碳素钢、合金钢的精加工
YT15 YT14	碳素钢、合金钢连续切削时粗加工、半精加工及精加工,也可用于断续切削时的精加工
YT5	碳素钢、合金钢的粗加工,可用于断续切削
YA6	冷硬铸铁、有色金属及其合金的半精加工,也可用于合金钢的半精加工
YW1	不锈钢、高强度钢与铸铁的半精加工与精加工
YW2	不锈钢、高强度钢与铸铁的粗加工与半精加工
YN05	低碳钢、中碳钢、合金钢的高速精车,系统刚性较好的细长轴精加工
YN10	碳钢、合金钢、工具钢、淬硬钢连续表面的精加工

(3)其他刀具材料

①涂层刀具:它是在韧性较好的硬质合金基体上,或在高速钢刀具基体上,涂敷一薄层耐磨性高的难熔金属化合物而获得的。涂层硬质合金一般采用化学气相沉积法,沉积温度1 000 ℃左右;涂层高速钢刀具一般采用物理气相沉积法,沉积温度500 ℃左右。

常用的涂层材料有TiC、TiN、Al_2O_3等。涂层厚度:硬质合金为4~5 μm,表层硬度可达2 500~4 200 HV;高速钢的为2 μm,表层硬度可达80 HRC。

涂层刀具有较高的抗氧化性能和黏结性能,因而有高的耐磨性和抗月牙洼磨损能力;有低的摩擦系数,可降低切削时的切削力及切削温度,可提高刀具耐用度(提高硬质合金刀具耐用度1~3倍,高速钢刀具耐用度2~10倍)。但也存在着锋利性、韧性、抗剥落性、抗崩刃性差及成本昂贵的问题。

②陶瓷刀具:有Al_2O_3陶瓷及Al_2O_3-TiC混合陶瓷两种,以其微粉在高温下烧结而成。有很高的硬度(91~95 HRA)和耐磨性;有很高的耐热性,在1 200 ℃以上仍能进行切削;切削速度比硬质合金高2~5倍;有很高的化学稳定性、与金属的亲合力小、抗黏结和抗扩散的能力好。可用于加工钢、铸铁,也同样适用于车、铣加工。

缺点是其脆性大、抗弯强度低,冲击韧性差,易崩刃,使其使用范围受到限制。但作为连续切削用的刀具材料,还是很有发展前途的。

③金刚石:是目前最硬的物质,是在高温、高压和其他条件配合下由石墨转化而成。硬度高达 10 000 HV、耐磨性好,可用于加工硬质合金、陶瓷、高硅铝合金及耐磨塑料等高硬度、高耐磨的材料,刀具耐用度比硬质合金可提高几倍到几百倍。其切削刃锋利,能切下极薄的切屑,加工冷硬现象较少;有较低的摩擦系数,切屑与刀具不易产生黏结,不产生积屑瘤,适于精密加工。

其缺点是热稳定性差,切削温度不宜超过 700 ~ 800 ℃;强度低、脆性大,对振动敏感,只宜微量切削;与铁有强的化学亲合力,不适于加工黑色金属。

目前其主要用于磨具及磨料,对有色金属及非金属材料进行高速精细车削及镗削;加工铝合金、铜合金时,切速可达 800 ~ 3 800 m/min。

④立方氮化硼:由软的立方氮化硼在高温、高压下加入催化剂转变而成。有很高的硬度 (8 000 ~ 9 000 HV)及耐磨性;有比金刚石更高的热稳定性(达 1 400 ℃),可用来加工高温合金;其化学惰性很大,与铁族金属直至 1 200 ~ 1 300 ℃时也不易起化学反应,可用于加工淬硬钢及冷硬铸铁;有良好的导热性、较低的摩擦系数。它目前不仅用于磨具,也逐渐用于车、镗、铣、铰等机械加工。

(三)车刀的组成

车刀由刀头和刀杆组成,如图 3 – 13(a)所示。刀头是车刀的切削部分,刀杆是车刀的夹持部分,使用时被固定在刀架上。

刀头由三面、二刃、一尖组成,如图 3 – 13(b)所示。

前刀面:刀具上切屑流过的表面。

主后刀面:刀具上与工件过渡表面(加工表面)相对的表面。

副后刀面:刀具上与工件已加工表面相对的表面。

主切削刃:是前刀面与主后刀面的交线。

副切削刃:是前刀面与副后刀面的交线。

刀尖:是主切削刃与副切削刃的连接处。是一段过渡圆弧或直线。

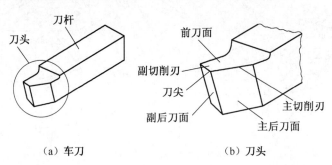

(a) 车刀　　　　　(b) 刀头

图 3 – 13　车刀的组成

(四)车刀的几何参数对切削性能的影响

1. 正交平面参考系

刀具要从工件上切除材料,就必须具有一定的切削角度。切削角度决定了刀具切削部分各表面之间的相对位置。定义刀具的几何角度需要建立参考系。在刀具设计、制造、刃磨和测量时用于定义刀具几何参数的参考系称为标注角度参考系或静止参考系。在此参考系中定义的角度称为刀具静止角度的标注。下面主要介绍刀具静止参考系中常用的正交平面参考系。

正交平面参考系是由基面 P_r、切削平面 P_s 和正交平面 P_0 三个平面组成的空间直角坐标系，如图 3-14 所示。

基面 P_r：过主切削刃上的选定点，并垂直于该点切削速度方向的平面。车刀切削刃上各点的基面都平行于车刀的安装面（底面）。安装面是刀具制造、刃磨和测量时的定位基准面。

切削平面 P_s：通过主切削刃选定点，与主切削刃相切，并垂直于该点基面的平面。

正交平面 P_0：通过主切削刃选定点并同时垂直于基面和切削平面的平面。

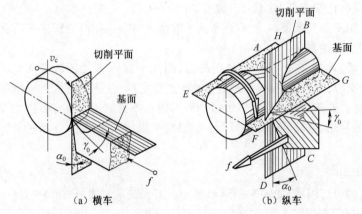

图 3-14 切削平面和基面

2. 车刀几何角度与切削性能的关系

车刀切削部分主要有 6 个独立的基本角度：前角（γ_0）、主后角（α_0）、副后角（α_0'）、主偏角（κ_r）、副偏角（κ_r'）、刃倾角（λ_s）。两个派生角度：楔角（β_0）、刀尖角（ε_r），如图 3-15(b) 所示。

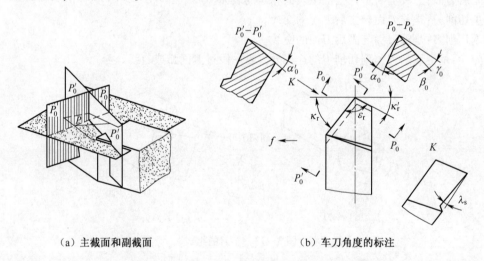

图 3-15 车刀角度的标注

（1）前角 γ_0：指前刀面与基面之间的夹角。根据前刀面与基面相对位置的不同，前角又可分为正前角、零前角和负前角。当前刀面与切削平面夹角小于 90°时，前角为正，大于 90°时，前角为负。前角影响切削过程中的变形和摩擦，同时又影响刀具的强度。前角对切削的难易程度有很大影响。增大前角能使刀刃变得锋利，使切削更为轻快，并减小切削力和切削热。前角的大小对表面粗糙度、排屑和断屑等也有一定影响。增大前角还可以抑制积屑瘤的产生，改善已加工表面的质量。但前角过大,刀刃和刀尖的强度下降,刀具导热体积减小,影响刀具使用寿命。

前角的选择原则是在刀具强度许可条件下,尽可能选用大的前角。工件材料的强度、硬度低,前角应选得大些,反之应选得小些(如有色金属加工时,选前角较大)。刀具材料韧性好(如高速钢),前角可选得大些,反之应选得小些(如硬质合金)。精加工时,前角可选得大些;粗加工时应选得小些。

(2)后角 α_o:是指后刀面与切削平面之间的夹角。刀尖位于后刀面最前点时,后角为正;刀尖位于后刀面最后点时,后角为负。后角的主要作用是减小后刀面与过渡表面之间的摩擦,其大小对刀具耐用度和加工表面质量都有很大影响。后角同时又影响刀具的强度。

增大后角,可减小刀具后刀面与已加工表面的摩擦,减小刀具磨损,还可使切削刃钝圆半径减小,刀尖锋利,提高工件表面质量。但后角太大,使刀楔角显著减小,削弱切削刃的强度,使容热体积减小、散热条件变差,降低刀具耐用度。因此,后角也存在一个合理值。

后角的选择原则是粗加工以确保刀具强度为主,可在 $4°\sim6°$ 范围内选取;精加工以加工表面质量为主,常取 $8°\sim12°$。

一般来说,切削厚度越大,刀具后角越小;工件材料越软,塑性越大,后角越大;工艺系统刚性较差时,应适当减小后角(切削时起支承作用,增加系统刚性并起消振作用);工件尺寸精度要求较高时,后角宜取小值。

(3)主偏角 κ_r:在基面内测量,是主切削刃在基面上的投影与进给运动方向间的夹角。主偏角的大小影响刀具耐用度、背向力与进给力的大小。减小主偏角能提高刀刃强度、改善散热条件,并使切削层厚度减小、切削层宽度增加,减轻单位长度刀刃上的负荷,从而有利于提高刀具的耐用度;而加大主偏角,则有利于减小背向力,防止工件变形,减小加工过程中的振动和工件变形。

主偏角的选择原则是在保证表面加工质量和刀具耐用度的前提下,尽量选用较大值。工艺系统指切削加工时由机床、刀具、夹具和工件所组成的统一体。加工细长轴时,工艺系统刚度差,应选用较大的主偏角,以减小背向力。加工强度、硬度高的材料时,切削力大,工艺系统刚度好时,应选用较小的主偏角,以增大散热面积,提高刀具耐用度。

(4)副偏角 κ_r':指副切削刃在基面上的投影与假定进给反方向之间的夹角。副偏角主要影响已加工表面的粗糙度。粗加工时副偏角取得较大些,精加工时取小些。副偏角影响刀具的耐用度和已加工表面的粗糙度。增大副偏角,可减小副切削刃与已加工表面的摩擦,防止切削时产生振动。减小副偏角有利于降低已加工表面的残留高度。

(5)刃倾角 λ_s:刃倾角为主切削刃与基面的夹角。刃倾角的主要作用是控制排屑方向,并影响刀头强度。刃倾角有正值、负值和 $0°$ 三种值,如图 3-16 所示。当刀尖位于主切削刃上的最高点时,刃倾角为正值。切削时,切屑排向工件的待加工表面,切屑不易拉伤已加工表面。当刀尖位于主切削刃上的最低点时,刃倾角为负值。切削时,切削排向工件的已加工表面,切屑易拉伤已加工表面,但刀尖强度好。当主切削刃与基面平行时,刃倾角为 $0°$。切削时,切屑向垂直于主切削刃的方向排出。

(6)楔角 β_o:楔角为主截面内前刀面与后刀面间的夹角。楔角影响刀头的强度。

(7)刀尖角 ε_r:刀尖角为主切削刃和副切削刃在基面上的投影间的夹角。刀尖角影响刀尖强度和散热条件。

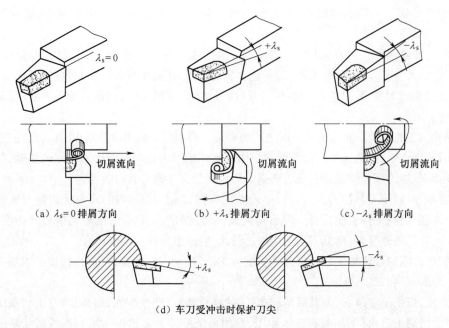

图 3-16 刃倾角的作用

3. 车刀几何角度的标注

车刀几何角度的标注见图 3-15(b)。

二、车刀的刃磨

在车床上主要依靠工件的旋转主运动和刀具的进给运动来完成切削工作。因此车刀角度的选择是否合理，车刀刃磨的角度是否正确，都会直接影响工件的加工质量和切削效率。

在切削过程中，由于车刀的前刀面和后刀面处于剧烈的摩擦和切削热的作用之中，会使车刀切削刃口变钝而失去切削能力，只有通过刃磨才能恢复切削刃口的锋利和正确的车刀角度。因此，车工不仅要懂得切削原理和合理地选择车刀角度的有关知识，还必须熟练掌握车刀的刃磨技能。

车刀的刃磨分机械刃磨和手工刃磨两种。机械刃磨效率高、质量好，操作方便。但目前中小型工厂仍普遍采用手工刃磨。因此，车工必须掌握手工刃磨车刀的技术。

(一) 砂轮的选用

目前常用的砂轮有氧化铝和碳化硅两类，刃磨时必须根据刀具材料来选定。

1. 氧化铝砂轮

氧化铝砂轮多呈白色，其砂粒韧性好，比较锋利，但硬度稍低(指磨粒容易从砂轮上脱落)，适于刃磨高速钢车刀和硬质合金的刀柄部分。氧化铝砂轮又称刚玉砂轮。

2. 碳化硅砂轮

碳化硅砂轮多呈绿色，其砂粒硬度高，切削性能好，但较脆，适于刃磨硬质合金车刀。

砂轮的粗细以粒度表示。GB/T 2485—2016《固结磨具 技术条件》规定了 41 个粒度号，粗磨时用粗粒度(基本粒尺寸大)，精磨时用细粒度(基本粒尺寸小)。

(二)车刀刃磨的方法和步骤

1. 刃磨车刀的姿势及方法

(1)人站立在砂轮机的侧面,以防砂轮碎裂时,碎片飞出伤人。

(2)两手握刀要有一定的距离,两肘夹紧腰部,以减小磨刀时的抖动,从而保证磨刀精度。

(3)两手分别握住刀杆前端与后端,以控制角度,稳定刀身;用力不能太猛,否则砂轮会被刮伤,造成砂轮表面跳动或者因刀具打滑而磨伤手指。

(4)磨刀时,车刀要放在砂轮的水平中心,刀尖略向上偏约3°~8°,车刀接触砂轮后应慢速作左右方向水平移动。当车刀离开砂轮时,车刀需向上抬起,以防磨好的刃被砂轮碰伤。

(5)磨后刀面时,刀杆尾部向左偏过一个主偏角的角度;磨副后刀面时,刀杆尾部向右偏过一个副偏角的角度。

(6)修磨刀尖圆弧时,通常以左手握车刀前端为支点,用右手转动车刀的尾部。

2. 手工刃磨车刀的方法

现以90°硬质合金(YT15)外圆车刀为例,介绍手工刃磨车刀的方法。

(1)先磨去车刀前面、后面上的焊渣,并将车刀底面磨平。可选用粒度号为24号~36号的氧化铝砂轮。

(2)粗磨主后面和副后面的刀柄部分(以形成后隙角)。刃磨时,在略高于砂轮中心的水平位置处将车刀翘起一个比刀体上的后角大2°~3°的角度,以便于刃磨刀体上的主后角和副后角(见图3-17)。可选粒度号为24号~36号、硬度为中软(ZR_1、ZR_2)的氧化铝砂轮。

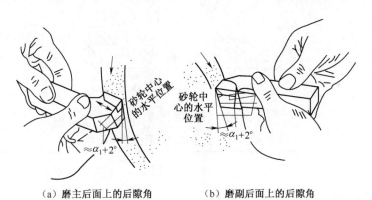

(a)磨主后面上的后隙角　　　(b)磨副后面上的后隙角

图3-17　粗磨刀柄上的主后面、副后面(磨后隙角)

(3)粗磨刀体上的主后面。磨主后面时,刀柄应与砂轮轴线保持平行,同时刀体底平面向砂轮方向倾斜一个比主后角大2°的角度。刃磨时,先把车刀已磨好的后隙面靠在砂轮的外圆上,以接近砂轮中心的水平位置为刃磨的起始位置,然后使刃磨位置继续向砂轮靠近,并作左右缓慢移动。当砂轮磨至刀刃处即可结束[见图3-18(a)]。这样可同时磨出$\kappa_r = 90°$的主偏角和主后角。可选用粒度号为36号~60号的碳化硅砂轮。

(4)粗磨刀体上的副后面。磨副后面时,刀柄尾部应向右转过一个副偏角κ'_r的角度,同时车刀底平面向砂轮方向倾斜一个比副后角大2°的角度,如图3-18(b)所示。具体刃磨方法与粗磨刀体上主后面大体相同。不同的是粗磨副后面时砂轮应磨到刀尖处为止。如此,也可同时磨出副偏角κ'_r和副后角α'_0。

(5) 粗磨前面。以砂轮的端面粗磨出车刀的前面,并在磨前面的同时磨出前角 γ_0,如图 3-19 所示。

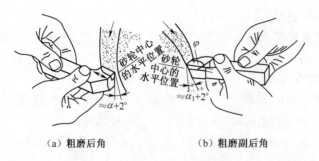

(a) 粗磨后角　　　　　(b) 粗磨副后角

图 3-18　粗磨后角、副后角

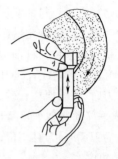

图 3-19　粗磨前角

(6) 磨断屑槽。解决好断屑是车削塑性金属的一个突出问题。若切屑连绵不断、成带状缠绕在工件或车刀上,不仅会影响正常车削,而且会拉毛已加工表面,甚至会发生事故。在刀体上磨出断屑槽的目的是当切屑经过断屑槽时,使切屑产生内应力而强迫它变形而折断。

断屑槽常见的有圆弧形和直线形两种(见图 3-20)。圆弧形断屑槽的前角一般较大,适于切削较软的材料;直线形断屑槽前角较小,适于切削较硬的材料。断屑槽的宽窄应根据切削深度和进给量来确定,具体尺寸见表 3-5。

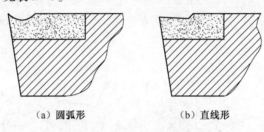

(a) 圆弧形　　　　　(b) 直线形

图 3-20　断屑槽的两种形式

表 3-5　硬质合金车刀断屑槽参考尺寸

	切削深度 a_p	进给量 f				
		0.3	0.4	0.5~0.6	0.7~0.8	0.9~1.2
		r_{Bn}				
圆弧深 C_{Bn} 为 5~1.3 mm(由所取的前角值决定),r_{Bn} 在 L_{Bn} 的宽度和 C_{Bn} 的深度下成一自然圆弧	2~4	3	3	4	5	6
	5~7	4	5	6	8	9
	7~12	5	8	10	12	14

手工刃磨的断屑槽一般为圆弧形。刃磨时,须先将砂轮的外圆和端面的交角处用修砂轮的金刚石笔(或用硬砂条)修磨成相应的圆弧。若刃磨直线形断屑槽,则砂轮的交角须修磨得很尖锐。刃磨时刀尖可向下磨或向上磨(见图 3-21)。但选择刃磨断屑槽的部位时,应考虑留出刀头

倒棱的宽度(即留出相当于走刀量大小的距离)。

刃磨断屑槽难度较大,须注意如下要点:

①砂轮的交角处应经常保持尖锐或具有一定的圆弧状。当砂轮棱边磨损出较大圆角时,应及时修整。

②刃磨时的起点位置应该与刀尖、主切削刃离开一定距离,不能一开始就直接刃磨到主切削刃和刀尖上,而使主切削刃和刀尖磨坍。一般起始位置与刀尖的距离等于断屑槽长度的1/2左右;与主切削刃的距离等于断屑槽宽度的1/2再加上倒棱的宽度。

③刃磨时,不能用力过大,车刀应沿刀柄方向作上下缓慢移动。要特别注意刀尖,切莫把断屑槽的前端口磨坍。

④刃磨过程中应反复检查断屑槽的形状、位置及前角的大小。对于尺寸较大的断屑槽,可分粗磨和精磨两个阶段;尺寸较小的则可一次磨成形。

(7)精磨主后面和副后面。精磨前要修整好砂轮,保持砂轮平稳旋转,如图3-22所示。刃磨时将车刀底平面靠在调整好角度的托架上,并使切削刃轻轻地靠在砂轮的端面上,并沿砂轮端面缓慢地左右移动,使砂轮磨损均匀、车刀刃口平直。可选用杯形绿色碳化硅砂轮(其粒度号为180号~200号)或金刚石砂轮。

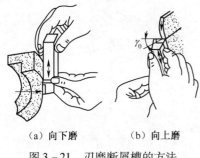

(a) 向下磨　　(b) 向上磨

图3-21　刃磨断屑槽的方法

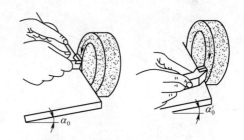

图3-22　精磨主后面和副后面

(8)磨负倒棱。刀具主切削刃担负着绝大部分的切削工作。为了提高主切削刃的强度,改善其受力和散热条件,通常在车刀的主切削刃上磨出负倒棱,如图3-23所示。

负倒棱的倾斜角度γ_f一般为$-5°\sim -10°$,其宽度b为走刀量的$0.5\sim 0.8$倍,即$b=(0.5\sim 0.8)f$。

对于采用较大前角的硬质合金车刀,及车削强度、硬度特别低的材料,则不宜采用负倒棱。

负倒棱刃磨方法如图3-24所示。刃磨时,用力要轻微,要使主切削刃的后端向刀尖方向摆动。刃磨时可采用直磨法和横磨法。为了保证切削刃的质量,最好采用直磨法。

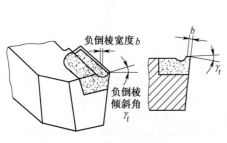

图3-23　负倒棱

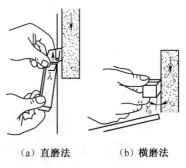

(a) 直磨法　　(b) 横磨法

图3-24　磨负倒棱

所选用的砂轮与精磨主后刀面的砂轮相同。

（9）磨过渡刃。过渡刃有直线形和圆弧形两种。其刃磨方法与精磨后刀面时基本相同。刃磨车削较硬材料车刀时，也可以在过渡刃上磨出负倒棱。

（10）车刀的手工研磨。在砂轮上刃磨的车刀，其切削刃有时不够平滑光洁。若用放大镜观察，可以发现其刃口上呈凹凸不平状态。使用这样的车刀车削时，不仅会直接影响工件的表面粗糙度，而且也会降低车刀的使用寿命。若是硬质合金车刀，在切削过程中还会产生崩刃现象。所以手工刃磨的车刀还应用细油石研磨其刀刃。研磨时，手持油石在刀刃上来回移动。要求动作平稳、用力均匀，如图3-25所示。

研磨后的车刀，应消除在砂轮上刃磨后的残留痕迹，刀面表面粗糙度值 Ra 应达到 0.4 ~ 0.2 μm。

（三）车刀刃磨技能训练

1. 训练内容

（1）刃磨图3-26所示的90°外圆车刀。

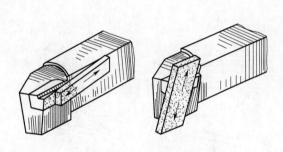

图3-25 用油石研磨车刀

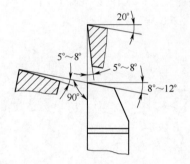

图3-26 90°外圆车刀刃磨训练

（2）刃磨图3-27所示的45°硬质合金刀头外圆车刀。
（3）刃磨图3-28所示的45°带断屑槽的外圆车刀。
（4）刃磨图3-29所示的90°带断屑槽的外圆车刀。

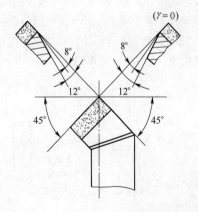

图3-27 45°硬质合金外圆车刀刃磨训练

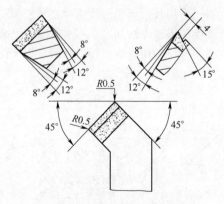

图3-28 45°外圆车刀刃磨训练

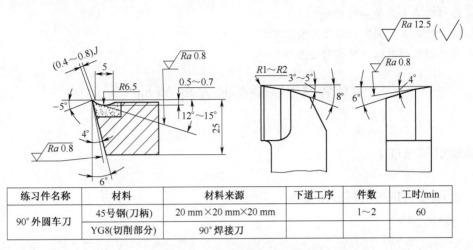

练习件名称	材料	材料来源	下道工序	件数	工时/min
90°外圆车刀	45号钢(刀柄)	20 mm×20 mm×20 mm		1~2	60
	YG8(切削部分)	90°焊接刀			

图3-29 90°外圆车刀刃磨训练

2. 要求

(1)按图示要求刃磨各刀面。

(2)刃磨、修磨时,姿势要正确,动作要规范,方法要正确。

(3)遵守安全、文明操作的有关规定。

3. 车刀刃磨时的注意事项

(1)磨刀时,不应站立在砂轮旋转平面内,以免磨屑和砂粒飞入眼中,或砂轮破裂伤人。刃磨刀具要戴防护眼镜。如果有异物飞入眼中,不能用手去擦,应立即请医生处理。

(2)砂轮必须装有防护罩。砂轮托架或角度导板与砂轮之间间隙要随时调整,不能太大(一般为1~2 mm),否则容易使车刀嵌入而打碎砂轮,造成重大事故。

(3)刃磨时,砂轮回转方向必须从刀刃到刀面,否则刀刃磨不光,会形成锯齿形缺口。磨后刀面时应先使车刀后刀面下部轻轻接触砂轮,然后再全面靠平;磨完后,应使刀刃先离开砂轮,以避免刀刃被碰坏。

(4)磨刀时,车刀要在砂轮上左右移动,不可停留在一个地方刃磨,以免砂轮表面出现凹坑。在平形砂轮上磨刀时,不能用力在两侧面上粗磨;在杯形砂轮上磨刀时,不要使用砂轮的外圆或内圆面。砂轮表面必须经常修整。

(5)磨高速钢车刀时,要经常将车刀放入水中冷却,以免高速钢受热退火而降低硬度。磨硬质合金车刀时,不可把刀头放入水中冷却,以防刀片碎裂。

(6)磨刀用的砂轮,不准磨其他物件。

(7)刃磨结束后,应随手关闭砂轮机电源。

【思考与练习】

1. 一般车刀由哪几个刀面、哪几条切削刃组成?
2. 什么是切削平面、基面和截面?它们之间有何关系?
3. 车刀有哪些角度?它们是如何定义的?
4. 前角、主偏角、刃倾角对切削有何影响?如何选择这些角度?
5. 常见车刀材料有哪两大类?各有何特点?

6. 如何刃磨主后面和副后面？
7. 断屑槽有何作用？如何刃磨断屑槽？
8. 刀具刃磨时应注意哪些安全事项？

任务3.3 轴类零件的加工

【相关知识与技能】

一、轴类零件的种类和技术要求

(一)种类

轴类零件是机械产品中的零件之一，它主要用于支承传动零件(齿轮、带轮等)、承受载荷、传递转矩以及保证装在轴上零件(如刀具等)的回转精度。

根据轴的结构形状，轴可分为光轴、空心轴、阶梯轴和偏心轴等，如图3-30所示。

根据轴的长度L与直径d之比，又可分为刚性轴($L/d<12$)和挠性轴($L/d>12$)两种。

由以上结构及分类可以看到，轴类零件一般为回转体，其长度大于直径。其结构要素通常由内外圆柱面、内外圆锥面、端面、台阶面、螺纹、键槽、花键、横向孔及沟槽等组成。

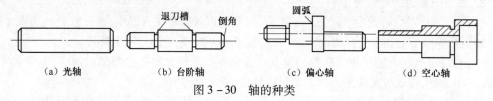

(a) 光轴　　(b) 台阶轴　　(c) 偏心轴　　(d) 空心轴

图3-30　轴的种类

(二)技术要求

1. 尺寸精度

轴类零件的尺寸精度主要是指直径和长度的精度。直径方向的尺寸，若有一定配合要求，比其长度方向的尺寸要求严格得多。因此，对于直径的尺寸常常规定有严格的公差。主要轴颈的直径尺寸精度根据使用要求通常为IT6～IT9，甚至为IT5。至于长度方向的尺寸要求则不那么严格，通常只规定其基本尺寸。

2. 几何形状精度

轴类零件一般依靠两个轴颈支承，轴颈同时也是轴的装配基准，所以轴颈的几何形状精度(如圆度、圆柱度等)，一般应根据工艺要求限制在直径公差范围内。对几何形状要求较高时，可在零件图上另行规定其允许的公差。

3. 位置精度

位置精度主要是指装配传动件的配合轴颈相对于装配轴承的支承轴颈的同轴度，通常是用配合轴颈对支承轴颈的径向圆跳动来表示的；根据使用要求，规定高精度轴为0.001～0.005 mm，而一般精度轴为0.01～0.03 mm。

此外，还有内外圆柱面的同轴度和轴向定位端面与轴心线的垂直度要求等。

4. 表面粗糙度

根据零件表面工作部位的不同，可有不同的表面粗糙度，例如普通机床主轴支承轴颈的表面

粗糙度为 $Ra0.16\sim0.63~\mu m$,配合轴颈的表面粗糙度为 $Ra0.63\sim2.5~\mu m$,随着机器运转速度的增大和精密程度的提高,轴类零件表面粗糙度值要求也将越来越小。

下面以图 3-31 所示的轴为例,分析其技术要求。

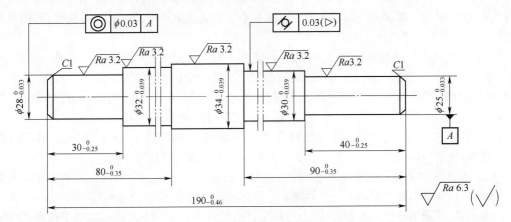

图 3-31　双向台阶轴

(1) 尺寸精度和表面粗糙度要求 $\phi 34~mm$、$\phi 32~mm$、$\phi 30~mm$ 外圆公差均为 0.039 mm,表面粗糙度值 Ra 为 3.2 μm。$\phi 28~mm$、$\phi 25~mm$ 外圆公差均为 0.033 mm,表面粗糙度值 Ra 为 3.2 μm。

(2) 形状精度要求 $\phi 30~mm$ 外圆的圆柱度公差为 0.03 mm。

(3) 位置精度要求 $\phi 28~mm$ 外圆对 25 mm 外圆的同轴度公差为 0.03 mm。

(三) 轴类零件的材料和毛坯

合理选用材料和规定热处理的技术要求,对提高轴类零件的强度和使用寿命有重要意义,同时,对轴的机械加工过程有极大影响。

1. 轴类零件的材料

材料的选用应满足其力学性能(包括材料强度、耐磨性和抗腐蚀性等),同时,选择合理热处理和表面处理方法(如发蓝处理、镀铬等),以使零件达到良好的强度、刚度和所需的表面硬度。

一般轴类零件常用 45 钢,根据不同的工作条件采用不同的热处理规范(如正火、调质、淬火等),以获得一定的强度、韧性和耐磨性。对中等精度而转速较高的轴类零件,可选用 40Cr 等合金钢。这类钢经调质和表面淬火处理后,具有较高的综合力学性能。精度较高的轴,同时还可用轴承钢 GCrl5 和弹簧钢 65Mn 等材料,它们通过调质和表面淬火处理后,具有更高耐磨性和耐疲劳性能。对于高转速、重载荷等条件下工作的轴,可选用 20CrMnTi、20Mn2B、20Cr 等低碳合金钢或 38CrMoAIA 氮化钢。低碳合金钢经渗碳淬火处理后,具有很高的表面硬度、抗冲击韧性和心部强度,热处理变形却很小。

2. 轴类零件的毛坯

轴类零件的毛坯最常用的是圆棒料和锻料,只有某些大型的、结构复杂的轴才采用锻件。由于毛坯经过加热锻造后,能使金属内部纤维组织沿表面均匀分布,从而获得较高的抗拉、抗弯及抗扭强度。所以,除光轴、直径相差不大的阶梯轴可使用棒料外,比较重要的轴,大都采用锻件。

根据生产规模的大小决定毛坯的锻造方式。一般模锻件因需要昂贵的设备和专用锻模,成本高,故适用于大批量生产;而单件小批量生产时,一般宜采用自由锻件。

轴类零件的主要加工表面是外圆。各种精度等级和表面粗糙度要求的外圆表面,可采用不同的典型加工方案来获得。

(四)轴类零件的一般加工工艺路线

轴类零件的主要表面是各个轴颈的外圆表面,空心轴的内孔精度一般要求不高,而精密主轴上的螺纹、花键、键槽等次要表面的精度要求也比较高。因此轴类零件的加工方法主要是考虑外圆的加工顺序,并将次要表面的加工合理地穿插其中。下面是生产中常用的不同精度、不同材料轴类零件的加工工艺路线:

(1)一般渗碳钢的轴类零件加工工艺路线:备料—锻造—正火—钻中心孔—粗车—半精车、精车—渗碳(或碳氮共渗)—淬火—低温回火—粗磨—次要表面加工—精磨。

(2)一般精度调质钢的轴类零件加工工艺路线:备料—锻造—正火(退火)—钻中心孔—粗车—调质—半精车、精车—表面淬火—回火—粗磨—次要表面加工—精磨。

(3)精密氮化钢轴类零件的加工工艺路线:备料—锻造—正火(退火)—钻中心孔—粗车—调质—半精车、精车—低温时效—粗磨—氮化处理—次要表面加工—精磨—光磨。

(4)整体淬火轴类零件的加工工艺路线:备料—锻造—正火(退火)—钻中心孔—粗车—调质—半精车、精车—次要表面加工—整体淬火—粗磨—低温时效处理—精磨。

由此可见,一般精度轴类零件,最终工序采用精磨就足以保证加工质量。而对于精密轴类零件,除了精加工外,还应安排光整加工。对于除整体淬火之外的轴类零件,其精车工序可根据具体情况不同,安排在淬火热处理之前进行,或安排在淬火热处理之后,次要表面加工之前进行。应该注意的是,经淬火后的部位,不能用一般刀具切削,所以一些沟、槽、小孔等须在淬火之前加工完。

二、基本操作

(一)外圆车刀的种类、特征和用途

常用的外圆车刀有三种,其主偏角(κ_r)分别是90°、75°、45°。

1. 90°外圆车刀

又称90°偏刀,分左偏刀和右偏刀两种,如图3-32所示。主要车削外圆柱表面和阶梯轴的轴肩端面,如图3-33所示。由于主偏角($\kappa_r = 90°$)大,切削时背向力较小,不易引起工件弯曲和振动,所以可用于车削刚性较差的工件,如细长轴。

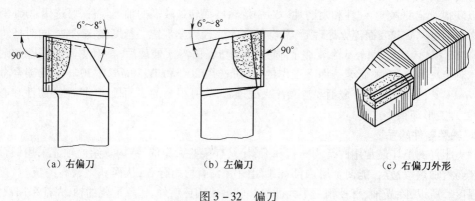

(a) 右偏刀   (b) 左偏刀   (c) 右偏刀外形

图3-32 偏刀

2. 75°外圆车刀

图3-34中的75°外圆车刀又称直头外圆车刀,该刀刀头强度高,散热条件好,常用于粗车外圆和端面。通常有两种形式,即右偏直头车刀和左偏直头车刀。

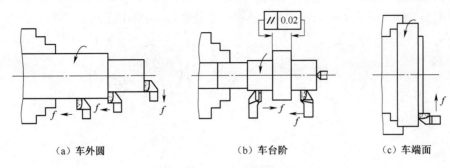

(a) 车外圆　　　　　　(b) 车台阶　　　　　　(c) 车端面

图 3-33　车外圆、台阶和端面

3. 45°弯头车刀

图 3-35 中的车刀为 45°弯头车刀,它按其刀头的朝向可分为左弯头和右弯头两种,这是一种多用途车刀,既可以车外圆、车端面,也可以加工内、外倒角。但切削时背向力较大,车削细长轴时,工件容易被顶弯而引起振动,所以常用来车削刚性较好的工件。

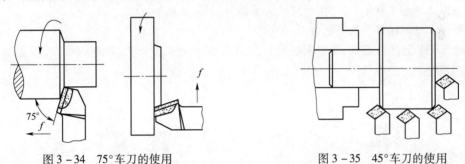

图 3-34　75°车刀的使用　　　　　图 3-35　45°车刀的使用

(二)车刀安装

将刃磨好的车刀装夹在方刀架上。车刀安装正确与否,直接影响车削顺利进行和工件的加工质量。所以,在装夹车刀时必须注意下列事项:

(1)车刀装夹在刀架上的伸出部分应尽量短,以增强其刚性。伸出长度约为刀柄厚度的 1~1.5 倍。车刀下面垫片的数量要尽量少,并与刀架边缘对齐,且至少用两个螺钉平整压紧,以防振动,如图 3-36 所示。

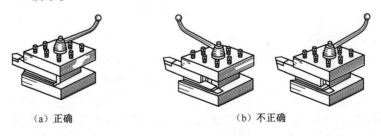

(a) 正确　　　　　　　　(b) 不正确

图 3-36　车刀的安装

(2)车刀刀尖应与工件中心等高[见图 3-37(b)]。车刀刀尖高于工件轴线[见图 3-37(a)],会使车刀的实际后角减少,车刀后面与工件之间的摩擦增大。车刀刀尖低于工件轴线[见图 3-37(c)],

会使车刀的实际前角减少,切削阻力增大。刀尖不对中心,在车至端面中心时会留有凸头[见图3-37(d)]。使用硬质合金时,若忽视此点,车到中心处会使刀尖崩碎[见图3-37(e)]。

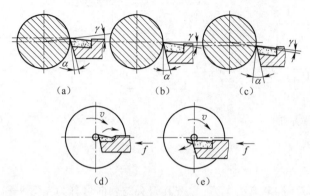

图3-37 车刀刀尖不对准工件中心的后果

为使车刀刀尖对准工件中心,通常采用下列几种方法:

(1)根据车床的主轴中心高,用钢直尺测量装刀[见图3-38(a)]。

(2)根据车床尾座顶尖的高低装刀[见图3-38(b)]。

(3)将车刀靠近工件端面,用目测估计车刀的高低,然后夹紧车刀,试车端面,再根据端面的中心调整车刀。

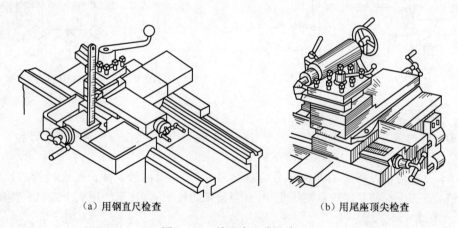

(a)用钢直尺检查　　　　　(b)用尾座顶尖检查

图3-38 检查车刀中心高

(三)工件的定位与装夹

车削时,必须将工件安装在车床的夹具上或三爪自定心卡盘上,经过定位、夹紧,使它在整个加工过程中始终保持正确的位置。工件安装是否正确可靠,直接影响生产效率和加工质量,应该十分重视。

由于工件形状、大小的差异和加工精度及数量的不同,在加工时应分别采用不同的安装方法。

1. 在三爪自定心卡盘上安装工件

1)三爪自定心卡盘的结构(见表3-3)

三爪自定心卡盘的特点及适用范围:三爪自定心卡盘的三个卡爪是同步运动的,能自定心,一般不需找正。但在装夹较长的工件时,工件离卡盘夹持部分较远处的旋转中心不一定与车床主轴旋转中心重合,这时必须找正。当三爪自定心卡盘使用时间较长,已失去应有精度,而工件的加工精度又要求较高时,也需要找正。

三爪自定心卡盘装夹工件方便、省时,自动定心好,但夹紧力较小,所以适用于装夹外形规则的中、小型工件。

2) 夹紧定位注意事项

(1) 夹持毛坯。第一次装夹车削时,被夹持部分一定是毛坯面,夹持毛坯面时一般要注意以下几点:

①夹持毛坯某一表面时,要进行选择,以保证所有要加工的表面都有足够的加工余量。

②注意保证加工表面和不加工表面之间的位置精度。

③被夹持部分有毛刺时,应修掉毛刺,以提高定位精度和夹紧时的可靠性。

(2) 夹持已加工表面。除第一道工序外,其他工序均应夹持已加工表面。夹持已加工表面时应注意:

①不要夹伤工件表面,通常是垫铜皮后再夹紧。

②夹紧力要适当,防止将工件夹变形。

③装夹后,应使加工、测量方便。

2. 在四爪单动卡盘上安装工件

1) 四爪单动卡盘的结构和工作特点(见表3-3)

四爪单动卡盘的四个卡爪是各自独立运动的,因此在安装工件时,必须将工件的旋转中心找正到与车床主轴旋转中心重合后才可车削。四爪单动卡盘找正比较费时,但夹紧力较大,所以适用于装夹大型或形状不规则的工件。

四爪单动卡盘也可装成正爪或反爪两种形式。

2) 工件的找正

由于四爪单动卡盘不能自动定心,所以装夹时必须找正。找正步骤如下:

(1) 找正外圆。先使划针靠近工件外圆表面,如图3-39(a)所示,用手转动卡盘,观察工件表面与划针间的间隙大小,然后根据间隙大小,调整卡爪位置,调整到各处的间隙均等为止。

(2) 找正端面。先使划针靠近工件端面的边缘处,如图3-39(b)所示,用手转动卡盘,观察工件端面与划针间的间隙大小,然后根据间隙大小,调整工具端面,调整时可用铜锤或铜棒敲击工件的端面,调整到各处的间隙均等为止。

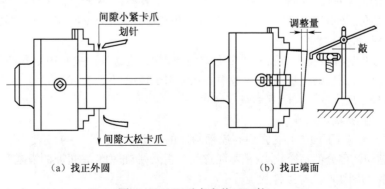

(a) 找正外圆　　(b) 找正端面

图3-39　四爪卡盘找正工件

(3) 使用四爪单动卡盘时的注意事项:
① 夹持部分不宜过长,一般为 10~15 mm 比较适宜。
② 为防止夹伤工件,装夹已加工表面时应垫铜皮。
③ 找正时应在导轨上垫上木板,以防工件掉下砸伤床面。
④ 找正时不能同时松开两个卡爪,以防工件掉下。
⑤ 找正时主轴应放在空挡位置,以使卡盘转动轻便。
⑥ 工件找正后,四个卡爪的夹紧力要基本一致,以防车削过程中工件位移。
⑦ 当装夹较大的工件时。切削用量不宜过大。

3. 在两顶尖之间安装工件

对于较长或必须经过多道工序才能完成的轴类工件,为保证每次安装时的精度可用两顶尖装夹。两顶尖安装工件方便,不需找正,而且定位精度高,但装夹前必须在工件的两端面钻出合适的中心孔。

1) 两顶尖定位的特点及适用范围

两顶尖装夹工件方便,不需找正,装夹精度高。对于较长的、须经过多次装夹的、或工序较多的工件,为保证装夹精度,可用两顶尖装夹,如图 3-40 所示。

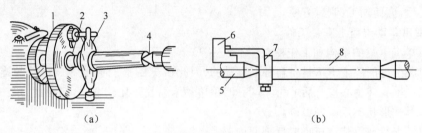

图 3-40 两顶尖装夹工件
1—拨盘;2、5—前顶尖;3、7—鸡心夹;4—后顶尖;6—卡爪;8—工件

2) 中心孔的种类及适用场合

国家标准规定中心孔有四种:A 型(不带保护锥)、B 型(带保护锥)、C 型(带内螺纹孔)、R 型(带内圆弧面)。

① A 型中心孔由圆柱部分和圆锥部分组成,圆锥孔的圆锥角为 60°,与顶尖锥面配合。
② B 型中心孔是在 A 型中心孔的端部多了一个 120°的保护锥,保护锥的作用是防止 60°碰伤而影响中心孔的定位精度。B 型中心孔适用于精度要求较高,工序较多的工件。
③ C 型中心孔的外端似 B 型中心孔,里端有一段用于连接的内螺纹孔,当需要把其他零件轴向固定在轴上时,可用 C 型中心孔。
④ R 型中心孔是将 A 型中心孔的圆锥面改为圆弧面,这就将顶尖与中心孔的面接触改为线接触,装夹时能纠正少量的位置误差,R 型中心孔常用于轻型和高精度的轴上。

中心孔的尺寸以圆柱孔直径 D 为基本尺寸。

3) 防止中心钻折断的措施

直径在 6.3 mm 以下的中心孔常用高速钢制成的中心钻(见图 3-41)直接钻出。钻中心孔时,由于中心钻切削部分的直径较小,稍不注意就会折断,防止中心钻折断的措施有:
(1) 中心钻的轴线必须与工件的旋转中心一致。
(2) 工件端面必须车平,不允许留有凸台。
(3) 及时注意中心钻的磨损情况,磨损后应及时修磨,不能强行钻入。

(4) 合理选择切削用量,工件转速不宜低,中心钻进给速度不宜太快。
(5) 充分浇注切削液,并经常退出中心钻清理切屑。

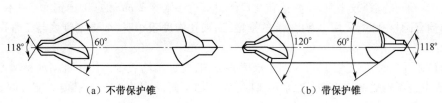

(a) 不带保护锥 (b) 带保护锥

图 3-41 中心钻

4. 一夹一顶装夹

由于两顶尖装夹刚性较差,因此在车削轴类零件,尤其是较重的工件时,常采用一夹一顶装夹。为了防止工件轴向位移,须在卡盘内装一限位支承,如图 3-42(a)所示,或利用工件的台阶作限位,见图 3-42(b)。由于一夹一顶装夹刚性好,轴向定位准确,且比较安全,能承受较大的轴向切削力,因此应用广泛。

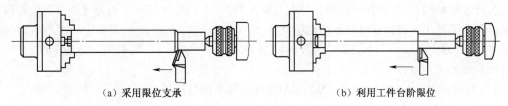

(a) 采用限位支承 (b) 利用工件台阶限位

图 3-42 一夹一顶装夹工件

5. 中心孔在使用中的注意事项

(1) 中心孔在使用中,特别是精密轴类零件加工时,要注意中心孔的研磨。因为两端中心孔(或两端孔口 60°倒角)的质量好坏,对加工精度影响很大,应尽量做到两端中心孔轴线相互重合,孔的锥角要准确,它与顶尖的接触面积要大,表面粗糙度要小,否则装夹于两顶尖间的轴在加工过程中将因接触刚度的变化而出现圆度误差。因此,保证两端中心孔的质量,是轴加工中的关键之一。

(2) 中心孔在使用过程中的磨损及热处理后产生的变形都会影响加工精度。因此,在热处理之后,磨削加工之前,应安排修研中心孔工序,以消除误差。常用的修研方法有:用铸铁顶尖、油石或橡胶顶尖、硬质合金顶尖以及用中心孔磨床修研。前两种的修研精度高,表面粗糙度小。铸铁顶尖修研适于修正尺寸较大或精度要求特别高的中心孔,但效率低,一般不多采用;硬质合金顶尖修研精度较高,表面粗糙度较小,工具寿命较长,修研效率比油石高,一般轴类零件的中心孔可采用此法修研。成批生产中常用中心孔磨床修磨中心孔,精度和效率都较高。

(3) 对于精度和粗糙度要求高的中心孔,可选用硬质合金顶尖修研,然后再用油石或橡胶砂轮顶尖研磨。也可选用铸铁顶尖与磨床顶尖在机床一次调整中加工出来,然后,用这个与磨床顶尖尺寸相同的铸铁顶尖在磨床上来修研工件上的中心孔。这样可以保证工件中心孔与磨床顶尖很好配合,以提高定位精度。实践证明,中心孔经这样修磨后,加工出的外圆表面圆度误差、同轴度误差可减小到 0.001~0.002 mm。

(4) 下列情况不能用两中心孔作为定位基面:
粗加工外圆时,为提高工件刚度,则采用轴外圆表面为定位基面,或以外圆和中心孔同作定位基面,即一夹一顶。

当轴为通孔零件时,在加工过程中,作为定位基面的中心孔因钻出通孔而消失。为了在通孔加工后还能用中心孔作为定位基面,工艺上常采用三种方法。

①当中心通孔直径较小时,可直接在孔口倒出宽度不大于 2 mm 的 60°内锥面来代替中心孔。

②当轴有圆柱孔时,采用 1:50 锥度的锥堵;当轴孔锥度较小时,取锥堵锥度与工件两端定位孔锥度相同。

③当轴通孔的锥度较大时,可采用带锥堵的心轴,简称锥堵心轴。使用锥堵或锥堵心轴时应注意,一般中途不得更换或拆卸,直到精加工完各处加工面,不再使用中心孔时方能拆卸。

(四)车外圆

将工件安装在卡盘上作旋转运动,车刀安装在刀架上使之接触工件并作相对纵向进给运动,便可车出外圆。

1. 车外圆的步骤

车外圆一般分粗车和精车两步进行,粗车的目的是尽快切去多余的金属层,使工件接近于最后的形状和尺寸。粗车后应留下 0.5~1 mm 作为精车余量。精车是切去余下少量的金属层以获得零件所求的精度和表面粗糙度,因此背吃刀量较小,为 0.1~0.2 mm,切削速度则可用较高或较低速度。为了使工件表面获得较小的粗糙度值,用于精车的车刀的前、后刀面应采用磨石加润滑油磨光,有时刀尖磨成一个小圆弧。为准确控制工件的尺寸精度,一般采用试切法车削,试切的方法和步骤如下:

(1)开机对刀。起动车床,使车刀刀尖与工件外圆表面轻微接触。

(2)向右退刀。摇动溜板箱的手轮,使刀具向右移动,离开工件。

(3)横向进刀。顺时针转动手中滑板手轮,根据刻度盘调整背吃刀量。

(4)向左试切。摇动溜板箱的手轮,向左试切削 1~3 mm。

(5)退刀测量。试切后,摇动溜板箱的手轮向右退刀,脱离工件后停机,用量具测量试切外圆直径。如尺寸合格,用机动进给车削外圆。

(6)切深精调。尺寸未到,再次横向进刀,调整背吃刀量,然后开机车削。

车削外圆时产生废品的原因及预防措施,见表 3-6。

表 3-6 车削外圆时产生废品的原因及预防措施

质量缺陷	产生原因	预防措施
尺寸超差	看错进刀刻度	看清并记住刻度盘读数刻度,记住手柄转过的圈数
	盲目进刀	根据余量计算背吃刀量,并通过试切法来修正
	量具有误差或使用不当	量具使用前检查校零,掌握正确测量方法
圆度超差	主轴轴线漂移	调整主轴组件
	毛坯余量或材质不均,产生误差	采用多次进给
	质量偏心引起离心惯性力	加平衡块
圆柱度超差	刀具磨损	合理选用刀具材料,降低工件硬度,使用切削液
	工件变形	使用顶尖、中心架、跟刀架,减小刀具主偏角
	尾座偏移	调整尾座
	主轴轴线角度摆动	调整主轴组件
同轴度超差	定位基准不统一	用中心孔定位或减少装夹次数

续表

质量缺陷	产生原因	预防措施
表面粗糙度数值大	切削用量选择不当	提高或降低切削速度,减小进给量和背吃刀量
	刀具的几何参数不当	增大前角和后角,减小副偏角
	积屑瘤	使用切削液消除积屑瘤
	切削振动	提高工艺系统刚性
	刀具磨损	及时刃磨刀具并用磨石磨光;使用切削液

2. 刻度盘的原理及应用

车削工件时,为了准确和迅速地掌握切削深度,通常用中滑板或小滑板上的刻度盘来做进刀的参考依据。

中滑板的刻度盘装在横向进给丝杠端头,当摇动横向进给丝杠一圈时,刻度盘也随之转一圈,这时固定在中滑板上的螺母就带动中滑板、刀架及车刀一起移动一个螺距。如果中滑板丝杠螺距为 5 mm,刻度盘分为 100 格,当手柄摇转一周时,中滑板就移动 5 mm;当刻度盘每转过一格时,中滑板移动量为 0.05 mm,小滑板的刻度盘可以用来控制车刀短距离的纵向移动,其刻度原理与中滑板的刻度盘相同。

转动中滑板丝杠时,由于丝杠与螺母之间的配合存在间隙,滑板会产生空行程(即丝杠带动刻度盘已转动,而滑板并未立即移动)。所以使用刻度盘时要反向转动适当角度,消除配合间隙,然后再慢慢转动刻度盘到所需的格数;如果多转动了几格,绝不能简单退回,而必须向相反方向退回全部行程,再转到所需要的刻度位置,如图 3-43 所示。

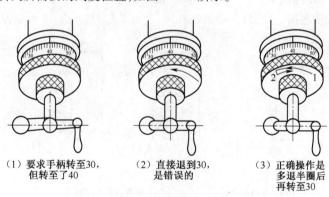

(1) 要求手柄转至30, 但转至了40
(2) 直接退到30, 是错误的
(3) 正确操作是多退半圈后再转至30

图 3-43 中拖板的用法

由于工件是旋转的,用中滑板刻度盘指示的切削深度,实现横向进刀后直径上被切除的金属层是切削深度的 2 倍。因此,当已知工件外圆还剩余加工余量时,中滑板刻度控制的切削深度不能超过此时加工余量的 1/2;而小滑板刻度盘的刻度值,则直接表示工件长度方向的切除量。

车削阶台时,准确掌握阶台长度的关键是按图样选择正确的测量基准。若基准选择不当,将造成积累误差(尤其是多阶台的工件)而产生废品。

(五)车端面

对工件的端面进行车削的方法称为车端面。其安装和操作方法如下:

1. 工件的安装

车端面时工件的安装和车外圆时基本相同。对于长径比大于 5 的轴类零件,当直径小于车床主轴孔径时,可将其插入孔中,用三爪自定心卡盘夹持右端;当直径大于车床主轴孔径时,可用卡盘夹持其左端并用中心架支承右端。

2. 车刀的选择与安装

车削端面时,通常使用90°或45°外圆车刀。其安装方法与车外圆时相同。车刀刀尖必须与工件回转中心线等高,以免车至中心时留下切不掉的凸台,且容易崩刀。

3. 车削用量的选择

(1)背吃刀量:粗车时,$a_p = 2 \sim 5$ mm;精车时,$a_p = 0.2 \sim 1$ mm。

(2)进给量:粗车时,$f = 0.3 \sim 0.7$ mm/r;精车时,$f = 0.08 \sim 0.3$ mm/r。

(3)切削速度:车端面时,切削速度随刀具横向的切入而变化,选用时,应根据工件最大直径来确定。详细的切削用量、进给量和切削速度可参照有关加工手册。

4. 车端面的操作方法

车端面有"由外向内进给"和"由内向外进给"两种方式。图3-44(a)所示为用外圆车刀向中心进给车端面;图3-44(b)所示为用外圆车刀由中心向外圆进给车端面;图3-44(c)所示为用45°弯头车刀车端面。

5. 车端面时注意事项

(1)车刀的刀尖应对准工件中心,以免车出的端面中心留有凸台。

(2)端面直径从外到中心是变化的,切削速度也在改变,在计算切削速度时必须按端面的最大直径计算。

(3)采用外圆车刀车端面时,应选择较小的背吃刀量,否则容易扎刀。背吃刀量a_p的选择是:粗车时,$a_p = 0.2 \sim 1$ mm;精车时,$a_p = 0.05 \sim 0.2$ mm。

(4)车直径较大的端面,若出现凹心或凸肚时,应检查车刀、刀架、床鞍是否锁紧。

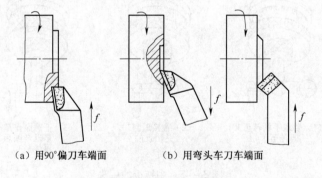

(a)用90°偏刀车端面　　(b)用弯头车刀车端面

图3-44　车端面的方法

(六)车台阶

车台阶时,通常选用90°外圆偏刀。车低台阶时,车刀的主切削刃与工件垂直。车高台阶时,为保证台阶端面和轴线垂直度,可取主偏角大于90°(一般为93°左右)。

粗车时的台阶长度除第一挡(即端头的)阶台长度略短外(留精车余量),其余各挡车到长度。

精车时,通常在机动进给精车外圆到近台阶处时,以手动进给代替机动进给。当车到台阶面时,应用手动移动中滑板从里向外慢慢精车(见图3-45),以确保台阶端面对轴线的垂直度。

通常控制台阶长度方法有以下几种。

1. 刻线法

先用钢直尺或样板量出台阶的长度尺寸,用车刀刀尖在台阶的所在位置处车出细线,然后再车削,如图3-46(a)所示。

2. 用挡铁控制台阶长度

在成批生产台阶轴时,为了迅速地车准台阶长度,可用挡铁定位来控制,如图3-46(b)所示。先把挡铁1固定在床身导轨的适当位置,与图上台阶a_3的轴向位置一致,挡铁2、3的长度分别等于a_2、a_1的长度。当床鞍纵向进给碰到挡铁3时,工件台阶长度a_1车好;拿去挡铁3,调整好下一个台阶的切削深度,继续纵向进给,当床鞍碰到挡铁2时,台阶长度a_2车好;当床鞍碰到挡铁1时,台阶长度a_3车好。

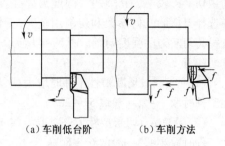

(a)车削低台阶　　(b)车削方法

图3-45　台阶的车削方法

3. 床鞍纵向进给刻度盘控制台阶长度

根据台阶长度计算出刻度盘手柄应转过的格数,以控制台阶长度,如图3-46(c)所示。

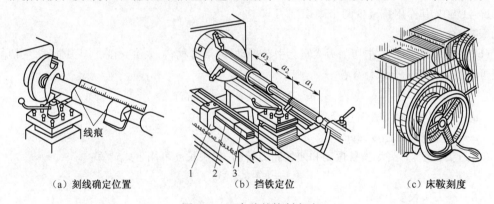

(a)刻线确定位置　　(b)挡铁定位　　(c)床鞍刻度

图3-46　台阶的控制方法

4. 车端面和台阶时产生废品的原因和预防措施(见表3-7)

表3-7　车端面和台阶时产生废品的原因和预防措施

废品种类	产生原因	预防措施
端面产生凹陷或凸出	用右外圆车刀从外向内进给时,床鞍未固定,车刀扎入工件产生凹面;车刀不锋利,小滑板太松或刀架未压紧,使车刀在切削力作用下因让刀而产生凸面	车大面时,将床鞍的固定螺钉旋紧;保持车刀锋利;中、小滑板的镶条不应太松;车刀刀架应压紧
台阶不垂直	较低的台阶是由于车刀装得歪斜,主切削刃与工件轴线不垂直	主切削刃垂直于工件的轴线,车最后一刀应从台阶里往外车削

(七)切断

在车削加工中,把棒料或工件切成两段(或数段)的加工方法叫切断。一般采用正向切断法,即车床主轴正转,车刀横向进给进行车削。

切断的关键是切断刀的几何参数的选择及其刃磨和选择合理的切削用量。

1. 切断刀

切断刀以横向进给为主,前端的切削刃是主切削刃,两侧的切削刃是副切削刃。一般切断刀的主切削刃较窄,刀体较长,因此刀体强度较差,在选择刀体的几何参数和切削用量时,要特别注意提高切断刀的强度问题。图3-47所示是高速钢切断刀。

(1)前角 γ_0:切断塑性工件时取大些,切断脆性工件时取小些,一般取 $5°\sim20°$。

(2)后角 α_0:切断塑性工件时取大些,切断脆性工件时取小些,一般取 $6°\sim8°$。

(3)副后角 α_0':切断刀有两个对称的副后角 $\alpha_0'=1°\sim3°$,其作用是减少两个副后刀面与工件的摩擦。

(4)主偏角 κ_r:切断刀以横向进给为主,因此 $\kappa_r=90°$。

(5)副偏角 κ_r':两个副偏角也必须对称,$\kappa_r'=1°\sim1°30'$,其作用是减少两个副切削刃与工件的摩擦。

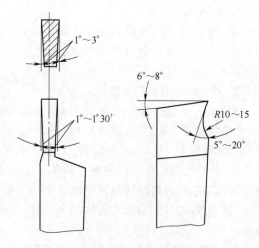

图3-47 高速钢切断刀

(6)主切削刃宽度 a:主切削刃太宽会引起振动,并浪费材料,太窄又削弱刀头强度,主切削刃宽度可用下面的经验公式计算:

$$a \approx (0.5 \sim 0.6)\sqrt{d} \text{ (mm)}$$

式中 d——工件待加工表面直径,mm;
a——主切削刃宽度,mm。

(7)刀头长度:刀头太长易振动和使切断刀折断,刀头长度可用下式计算:

$$L = h + (2 \sim 3)$$

式中 L——刀头长度,mm;
h——切入深度,mm。

(8)卷屑槽:为使切削顺利,在前刀面上磨出卷屑槽。卷屑槽不宜磨得太深,一般在0.75~1.5 mm,如图3-48(a)所示。卷屑槽磨的太深,其刀头强度差,容易折断,如图3-48(b)所示,更不能把前面磨得太低或磨成台阶形,如图3-48(c)所示,这种刀切削不顺利,排屑困难,切削负荷大增,刀头容易折断。

用硬质合金切断刀高速切断工件时,切屑和工件槽宽相等容易堵塞在槽内。为了排屑顺畅,可把主切削刃两边倒角磨成"人"字形。高速切断时,会产生很大的热量,为防止刀片脱焊,在开始切断时应浇注充分的切削液。为增加刀体的强度,常将切断刀刀体下部做成凸圆弧形,如图3-49所示。

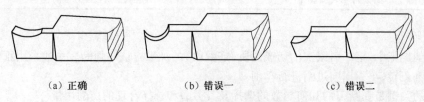

(a) 正确　　　　　　(b) 错误一　　　　　　(c) 错误二

图3-48 卷屑槽正确与错误示意图

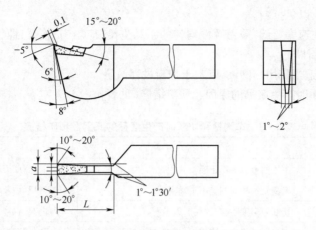

图 3-49 硬质合金切断刀

2. 切断刀的安装

(1) 安装时,切断刀不宜伸出过长,同时切断刀的中心线必须与工件中心线垂直,以保证两个副偏角对称。

(2) 切断实心工件时,切断刀的主切削刃必须与工件中心等高,否则不能车到中心,而且容易崩刃,甚至折断车刀。

(3) 切断刀的底平面应平整,以保证两个副后角对称。

3. 切断方法

(1) 直进法切断工件。所谓直进法,是指垂直于工件轴线方向进行切断[见图 3-50(a)]。这种方法切断效率高,但对车床、切断刀的刃磨和安装都有较高的要求,否则容易造成刀头折断。

(2) 左右借刀法切断工件。在切削系统(刀具、工件、车床)刚性不足的情况下,可采用左右借刀法[见图 3-50(b)]。这种方法是指切断刀在轴线方向反复地往返移动,随之两侧径向进给,直到工件切断,如图 3-51 所示。

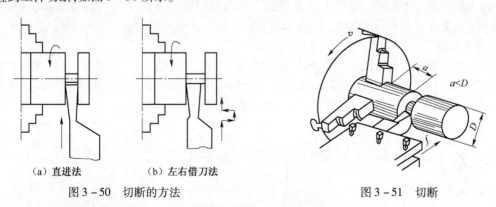

(a) 直进法　　(b) 左右借刀法

图 3-50　切断的方法　　　　图 3-51　切断

4. 减少振动和防止刀体折断的方法

(1) 切断时,刀尖必须与工件等高,否则切断处将留下凸台,也容易损坏刀具。

(2) 切断处应靠近卡盘,增加工件刚性,减小切削时的振动。

(3) 刀头长度比工件半径略长即可。

(4) 切断刀伸出不宜过长,以增加刀具刚性。

(5) 刀具要装正,以免折断。

(6) 切断时,切削速度要低,采用缓慢均匀的手动进给,应均匀、连续,即将切断时,必须放慢进给速度,以免刀头折断。

(7) 切断钢件应适当使用切削液,以利于切断过程散热。

5. 车沟槽和切断时产生废品的原因及预防措施(见表3-8)

表3-8 车沟槽和切断时产生废品的原因及预防措施

废品种类	产生原因	预防措施
沟槽尺寸不正确	主切削刃宽度不正确	按沟槽宽度刃磨主切削刃宽度
	未测量尺寸或测量不正确	车槽过程中及时、正确测量
工件表面凸凹不平	切断刀强度不够,主切削刃不平直	增加刀头强度,主切削刃磨平直
	刀尖圆弧刃磨或磨损不一致时切削刃受力不均	刃磨时保证两刀尖圆弧对称
	刀具装夹不正确	按要求正确装夹切断刀
	刃磨时两副偏角过大且不对称	正确刃磨切断刀,保证两副偏角对称
	刀具角度选择不当	正确选择两副偏角及刃倾角的数值
表面粗糙度较大	切削速度选择不当,未注入切削液	选择适当的切削速度,并浇注切削液
	切削时产生振动	采取防振措施

三、外圆、台阶的测量方法

(一) 外径尺寸的测量

测量外径时,一般精度尺寸常选用游标卡尺、卡规等,精度要求较高时则选用千分尺等。

(二) 深度和高度的测量

1. 深度测量

深度一般是指内表面的长度尺寸,一般情况下用游标深度尺测量,若尺寸精度要求较高,可用深度千分尺测量。

2. 高度测量

高度一般是指外表面的长度尺寸,如台阶面到某一端面的距离。若尺寸要求不高,可用钢直尺、游标卡尺、游标深度尺、样板等测量,如图3-52所示。当尺寸精度要求较高时,也可将工件立在检验平板上,利用百分表(或杠杆百分表)和量块进行比较测量。

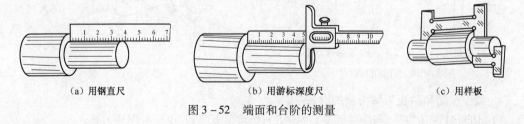

(a) 用钢直尺　　(b) 用游标深度尺　　(c) 用样板

图3-52 端面和台阶的测量

【思考与练习】

1. 车端面时,可以选用哪几种车刀?分析各种车刀车端面时的优缺点,各适合用于什么情况?

2. 低阶台和高阶台的车削有什么不同？控制阶台长度有哪些方法？
3. 粗车刀和精车刀各有哪些要求？
4. 车轴类零件时，一般有哪几种安装方法？各有什么特点？
5. 钻中心孔时，如何防止中心钻折断？
6. 切断实心或空心工件时，切断刀的刀头长度应如何计算？
7. 如何防止切断刀折断？
8. 测量轴类零件的量具有哪几种？如何正确测量？

任务3.4 套类零件的加工

【相关知识与技能】

套筒类零件是机械加工中经常碰到的一类零件，其应用范围很广。套筒类零件通常起支承和导向作用。由于功用不同，套筒类零件的结构和尺寸有很大差别，但结构上仍有共同的特点：零件的主要表面为同轴要求较高的内外回转面；零件的壁厚较薄易变形；长径比 $L/D>1$ 等。图 3-53 所示为常见套筒类零件的示例。

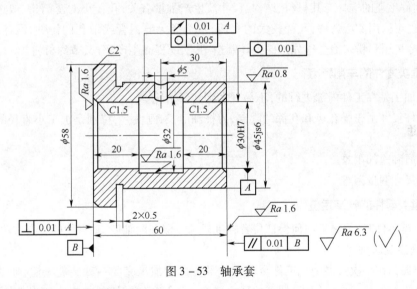

图 3-53 轴承套

一、套筒类零件的加工及定位

（一）套筒类零件的技术要求和毛坯材料

套筒类零件的外圆表面多以过盈或过渡配合与机架或箱体孔配合起支承作用，内孔主要起导向作用或支承作用，常与传动轴、主轴、活塞、滑阀等相配合，有些套的端面或凸缘端面有定位或承受载荷的作用。

1. 套筒类零件的主要技术要求

套筒类零件的主要表面是孔和外圆，其主要技术要求综述如下：

(1) 孔的技术要求。孔是套筒类零件起支承或导向作用的最主要表面,通常与运动的轴、刀具或活塞相配合。孔的直径尺寸公差等级一般为 IT7～IT6,气缸和液压缸由于与其配合的活塞上有密封圈,要求较低,通常取 IT9。孔的形状精度,应控制在孔径公差以内,一些精密套筒控制在孔径公差的 1/2～1/3,甚至更严。对于长的套筒,除了圆度要求以外,还应注意孔的圆柱度。为了保证零件的功用和提高其耐磨性,孔的表面粗糙度值为 $Ra1.6 \sim 0.16$ μm,要求高的精密套筒可达 $Ra0.04$ μm。

(2) 外圆表面的技术要求。外圆是套筒类零件的支承面,常以过盈配合或过渡配合与箱体或机架上的孔相连接。外径尺寸公差等级通常取 IT6～IT7,其形状精度控制在外径公差以内,表面粗糙度值为 $Ra3.2 \sim 0.63$ μm。

(3) 孔与外圆的同轴度要求。内、外圆表面之间的同轴度应根据加工与装配要求而定,当孔的最终加工是将套筒装入箱体或机架后进行时,套筒内外圆间的同轴度要求较低;若最终加工是在装配前完成的,则同轴度要求较高,一般为 0.01～0.06 mm。

(4) 孔轴线与端面的垂直度要求。套筒的端面(包括凸缘端面)若在工作中承受载荷,或在装配和加工时作为定位基准,则端面与孔轴线垂直度要求较高,一般为 0.01～0.05 mm。

2. 套筒类零件的材料与毛坯

套筒类零件一般用钢、铸铁、青铜或黄铜制成。有些滑动轴承采用双金属结构,以离心铸造法在钢或铸铁内壁上浇注巴氏合金等轴承合金材料,既可节省贵重的有色金属,又能提高轴承的寿命。

套筒零件毛坯的选择与其材料、结构、尺寸及生产批量有关;孔径小的套筒,一般选择热轧或冷拉棒料,也可采用实心铸件;孔径较大的套筒,常选择无缝钢管或带孔的铸件、锻件;大量生产时,可采用冷挤压和粉末冶金等先进的毛坯制造工艺,既提高生产率,又节约材料。

(二) 套类零件的车削特点

(1) 孔加工是在工件内部进行的,不易观察到切削情况。

(2) 刀杆尺寸由于受孔径和孔深的限制,刀杆细而长,刚性差,特别是加工小直径的深孔时更为突出。

(3) 排屑和冷却困难。

(4) 孔尺寸测量困难。

(三) 套类零件的安装定位

装夹套类零件时,关键是如何保证位置精度要求。保证同轴度、垂直度的装夹方法有:

1. 一次装夹车削

一次装夹是在一次装夹中把工件全部或大部分尺寸加工完的一种装夹方法,如图 3-54 所示。此方法没有定位误差,可获得较高的形位精度,但需经常转动刀架,变换切削用量,尺寸较难控制。

2. 以外圆定位车削内孔

工件以外圆定位车削内孔时,一般应使用软卡爪。

软卡爪是用未经淬火的钢料(45 号钢)制成的,如图 3-55 所示。用软卡爪装夹已加工表面或软金属时,不易夹伤工件表面。这种卡爪应在本身所在的车床上车成所需要的尺寸和形状,以确保装夹精度。还可根据工件的特殊形状来制作特殊形状的软卡爪,以满足装夹要求。

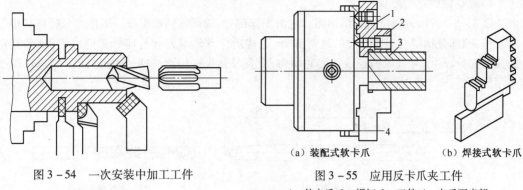

(a) 装配式软卡爪　　(b) 焊接式软卡爪

图3－54　一次安装中加工工件　　　图3－55　应用反卡爪夹工件
1—软卡爪；2—螺钉；3—工件；4—卡爪下半部

3. 以内孔定位车削外圆

中、小型轴套、带轮、齿轮等零件，常以内孔定位安装在心轴上加工外圆。常用的心轴有以下几种。

(1) 小锥度心轴[见图3－56(a)]。小锥度心轴有1∶1 000～1∶5 000的锥度，其优点是制造容易，由于配合无间隙，所以加工精度较高，缺点是长度方向上无法定位，承受的切削力较小。装卸不太方便。

(2) 带台阶的圆柱心轴[见图3－56(b)]。这种心轴可同时装夹多个工件，但由于心轴与孔配合间隙的存在，所以加工精度较低。

(3) 胀力心轴[见图3－56(c)]。它是依靠心轴弹性变形所产生的胀力来撑紧工件的。其优点是装夹方便，加工精度较高，但夹紧力较小。

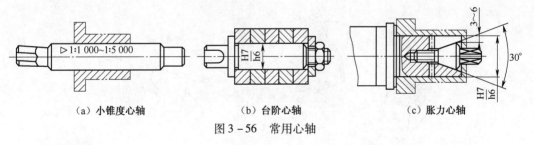

(a) 小锥度心轴　　(b) 台阶心轴　　(c) 胀力心轴

图3－56　常用心轴

二、基本操作

(一) 钻孔

用钻头在工件实体部位加工孔称为钻孔。钻孔属粗加工，可作为攻丝、扩孔、铰孔和镗孔的预备加工，可达到的尺寸公差等级为IT13～IT11，表面粗糙度值一般为$Ra50～12.5~\mu m$。钻孔常用的工具是钻头，其按结构特点和用途可分为扁钻、麻花钻、深孔钻和中心钻等，生产中使用最多的是麻花钻。

1. 麻花钻

钻削加工中最常用的刀具为麻花钻，它是一种粗加工用刀具，由工具厂大量生产，供应市场。其常备规格为$\phi 0.1～\phi 80~mm$。按柄部形状分有直柄麻花钻和锥柄麻花钻。按制造材料分有高速钢麻花钻与硬质合金麻花钻。硬质合金麻花钻一般制成镶片焊接式，直径5 mm以下的硬质合金麻花钻制成整体的。

1) 麻花钻的结构要素

图 3-57 所示为麻花钻的结构图。它由工作部分、颈部和柄部组成。工作部分担负切削与导向工作；颈部是柄部与工作部分的过渡部分，通常用作砂轮退刀和打印标记的部位；柄部是钻头的夹持部分，用于与机床的连接并传递动力，小直径钻头采用圆柱柄，钻头直径在 12 mm 以上时采用圆锥柄。

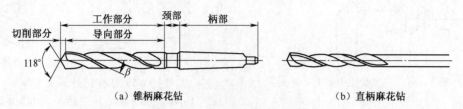

图 3-57 麻花钻的组成部分

麻花钻有两条主切削刃、两条副切削刃和一条横刃。两条螺旋槽形成前刀面，用于排屑和导入切削液，两个主后刀面在钻头端面上，钻头外缘上两小段窄棱边形成的刃带是副后刀面，在钻孔时刃带起导向作用，为减小与孔壁的摩擦，刃带向柄部方向有较小的倒锥量，从而形成副偏角。在钻心处的切削刃称为横刃，两条主切削刃通过横刃相连。

2) 麻花钻的主要角度

麻花钻的主要角度有前角 γ_o、侧后角 α_o、顶角 2ϕ、横刃斜角 ψ 和螺旋角 β 等，如图 3-58 所示。

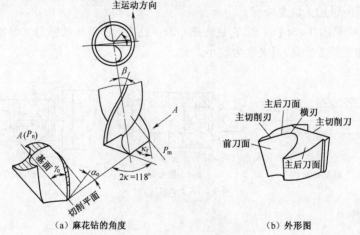

图 3-58 麻花钻的几何形状

(1) 前角 γ_o，是在正交平面中测量的前面与基面间的夹角。由于前面是螺旋面，故主切削刃上各点的前角是变化的，且变化值很大，从钻头外缘到钻心，前角由 +30° 减到 -30°。

(2) 后角 α_o，是在平行于进给方向上的假定工作平面（以钻头为轴心，过切削刃上的选定点的圆柱面）中测量的后面与切削平面间的夹角。主切削刃上各点的后角也是变化的。由钻头外缘向中心过渡，后角逐渐增大，外缘处后角为 4°~8°，近横刃处为 20°~25°，如图 3-59 所示。

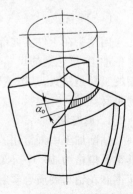

图 3-59 麻花钻的后角

(3)顶角$2k_r$,是两条主切削刃在与之平行的中心截面上投影的夹角。顶角越小,且主切削刃越长,切削宽度增加,单位切削刃上的负荷减轻,轴向力减小,这对钻头轴向稳定性有利。且外圆处的刀尖角增大,有利于散热和刀具耐用度提高;但顶角增大会使钻尖强度减弱,切削变形增大,导致扭矩增加。一般在钢和铸铁材料上钻孔时,顶角取116°~120°。标准麻花钻的顶角$2k_r$约为118°,如图3-60所示。

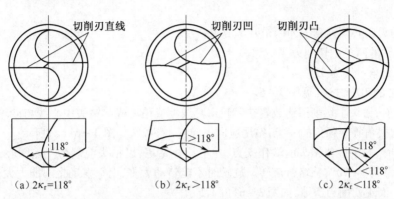

图3-60 麻花钻顶角大小对切削刃的影响

(4)横刃斜角ψ,是主切削刃与横刃在钻头端面上投影的夹角。它是刃磨钻头时自然形成的,顶角、后角刃磨正常的标准麻花钻$\psi=47°~55°$,后角愈大,ψ角愈小,ψ角减小会使横刃的长度增大。

(5)螺旋角β,是螺旋槽最外缘的螺旋线的切线与钻头轴线之间的夹角。麻花钻螺旋角一般为25°~32°。增大螺旋角有利于排屑,能获得较大前角,使切削轻快,但钻头刚性变差。小直径钻头,为提高钻头刚性,螺旋角β可取小些。钻软材料、铝合金时,为改善排屑效果,β角可取大些。螺旋角β的方向一般为右旋。

(6)主偏角K_{rm},主切削刃选定点的切线在基面上的投影与进给方向的夹角称为主偏角。麻花钻的基面是过主切削刃选定点包含麻花钻轴线的平面。由于麻花钻主切削刃不通过轴线,因此主切削刃上各点基面不同,各点主偏角也不相同。当顶角磨出后,各点主偏角也就确定了。

(7)横刃角度,横刃是麻花钻端面上一段与轴线垂直的切削刃,它是由两个后刀面相交而形成的。该切削刃的角度除横刃斜角ψ以外,还有横刃前角和横刃后角。

3)钻孔加工的特点

由于麻花钻长度较长,钻芯直径小而刚性差,又有横刃的影响,故钻孔有以下工艺特点:

(1)钻头容易偏斜。由于横刃的影响,使钻头定心不准,且钻头的刚性和导向作用较差,切削时钻头容易引偏和弯曲。其中在钻床上钻孔时,容易引起孔的轴线偏移和不直,但孔径无显著变化;在车床上钻孔时,容易引起孔径的变化,但孔的轴线仍然是直的。因此,在钻孔前应先加工端面,并用钻头或中心钻预钻一个锥坑,以便钻头定心。钻小孔和深孔时,为了避免孔的轴线偏移和不直,应尽可能采用工件回转方式进行钻孔。

(2)孔径容易扩大。钻削时钻头两切削刃径向力不等将引起孔径扩大;卧式车床钻孔时的切入引偏也是孔径扩大的重要原因;此外钻头的径向跳动等也造成了孔径的扩大。

(3)孔的表面质量较差。钻削时切屑较宽,在孔内被迫卷为螺旋状,流出时与孔壁发生摩擦而削伤已加工表面。

(4)钻削时轴向力大。这主要是由钻头的横刃引起的。试验表明,钻孔时50%的轴向力和

15%的扭矩是由横刃产生的。因此,当钻孔直径 $d > 30$ mm 时,一般分两次进行钻削。第一次钻出 $(0.5 \sim 0.7)d$,第二次钻到所需的孔径。由于横刃第二次不参加切削,故可采用较大的进给量,使孔的表面质量和生产率均得到提高。

2. 麻花钻的刃磨要求

麻花钻刃磨时,一般只刃磨两个主后刀面,但同时要保证后角、顶角和横刃斜角正确。所以麻花钻的刃磨比较困难。

麻花钻的刃磨必须达到下列两个基本要求:

(1)麻花钻的两条主切削刃要对称。

(2)横刃斜角一般为55°。

3. 麻花钻的刃磨方法(见图 3 - 61)

(1)刃磨前,钻头主切削刃应放置在砂轮中心线上或稍高些。钻头中心线与砂轮外圆柱母线在水平面内的夹角等于顶角的一半,钻尾应向下倾斜 1°~2°,如图 3 - 61(a)所示。

(2)刃磨时,右手握住钻头前端作支点,左手握住钻尾,以钻头前端为支点圆心,钻头上下摆动,摆动范围为 15°~20°,并略带旋转。旋转时不能转动太多,上下摆动也不能太大,以防磨出负后角或把另一面主切削刃磨掉,如图 3 - 61(b)所示。

(3)当一个主切削刃磨完以后,把钻头转过 180°,刃磨另一个主切削刃。

(4)刃磨时,钻头应经常放入水中冷却,以防退火。

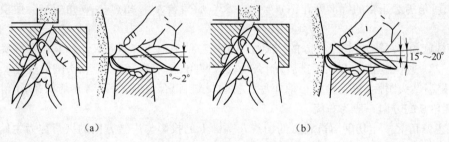

图 3 - 61 麻花钻的刃磨方法

4. 钻头的装夹

(1)直柄麻花钻的装夹安装时,用钻夹头夹住麻花钻直柄,然后将钻夹头的锥柄用力装入尾座套筒内即可使用。拆卸钻头时动作相反。

(2)锥柄麻花钻的装夹:麻花钻的锥柄如果和尾座套筒锥孔的规格相同,可直接将钻头插入尾座套筒锥孔内进行钻孔,如果麻花钻的锥柄和尾座套筒锥孔的规格不相同,可采用锥套作过渡。拆卸时,用斜铁插入腰形孔,敲击斜铁即可把钻头卸下来,如图 3 - 62 所示。

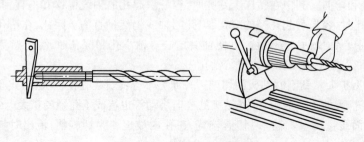

图 3 - 62 锥柄钻头的装夹

5. 钻孔时的切削用量(见图 3 – 63)

(1)背吃刀量(a_p):钻孔时的背吃刀量是钻头直径的1/2,即扩孔、铰孔时的背吃刀量为:

$$a_p = \frac{D}{2}$$

$$a_p = \frac{D-d}{2}$$

(2)切削速度(v_c):钻孔时的切削速度是麻花钻主切削刃外圆处的线速度;其计算公式为:

$$v_c = \frac{\pi d n}{1\,000}$$

式中 v_c——切削速度,m/min;
d——钻头直径,mm;
n——主轴转数,r/min。

用高速钢麻花钻钻钢料时,一般选 v_c = 15 ~ 30 m/min;钻铸铁时,一般选 v_c = 75 ~ 90 m/min。

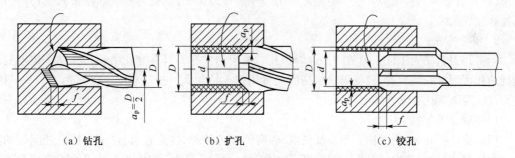

(a) 钻孔　　　　　(b) 扩孔　　　　　(c) 铰孔

图 3 – 63　扩孔时的切削用量

(3)进给量(f):在车床上钻孔时,工件转一周,钻头沿轴向移动的距离为进给量。在车床上是用手慢慢转动尾座手轮实现进给运动的。进给量太大,会使钻头折断,用直径为 12 ~ 25 mm 的麻花钻钻钢料时,一般选 f = 0.15 ~ 0.35 mm/r;钻铸铁时,进给量可略大些。

6. 钻孔时注意事项

(1)将钻头装入尾座套筒中,找正钻头轴线与工件旋转轴线相重合,否则会使钻头折断。

(2)钻孔前,必须将端面车平,中心处不允许有凸台,否则钻头不能自动定心,将会导致钻头折断。

(3)当钻头刚接触工件端面或通孔快要钻穿时,进给量要小,以防钻头折断。

(4)钻小而深的孔时,应先用中心钻钻中心孔,以免将孔钻歪,在钻孔过程中,必须经常退出钻头清除切屑。

(5)钻削钢料时必须浇注充分的切削液,钻铸铁时可不用切削液。

7. 麻花钻切削部分结构的分析与改进

标准高速钢麻花钻存在的问题:标准麻花钻虽经多年使用,结构不断改进,但在切削部分仍存在如下问题。

①主切削刃上各点前角值差别较大(由 +30° ~ -30°),切削性能相差也较大。

②横刃较长,又为负前角,钻削时会造成严重挤压,轴向力很大,切削条件较差。

③棱边近似为圆柱面的一部分(有小倒锥),副后角接近零度,摩擦严重。

④在主、副切削刃相交处,切削速度最大,散热条件较差,因此磨损很快。

⑤两条主切削刃很长,切屑宽,各点切屑流出速度相差很大,切屑呈宽螺卷状,排屑不顺畅,切削液难以注入切削区。

针对上述麻花钻存在的问题,使用时根据具体加工情况,对麻花钻切削部分加以修磨改进,可显著改善钻头的切削性能,提高钻削生产率。一般常采用以下措施:

①修磨横刃。可采用磨短横刃、加大横刃前角、磨短横刃的同时加大横刃前角等修磨形式改善麻花钻的切削性能。

②修磨前刀面。加工较硬材料时,可将主切削刃外缘处的前刀面磨去一部分,适当减小该处前角,以保证足够强度。当加工较软材料时,在前刀面上磨出卷屑槽,加大前角,减小切屑变形,降低温度,改善工件表面加工质量。

③修磨棱边。标准高速钢麻花钻的副后角为 0°,在加工无硬皮的工件时,为了减小棱边与孔壁的摩擦,减小钻头磨损,对于直径大于 12 mm 的钻头,需要磨出副后角,并留有宽度为 0.1 ~ 0.2 mm 的窄棱边。

④修磨切削刃。为了改善散热条件,在主副切削刃交接处磨出过渡刃,形成双重顶角或三重顶角,后者用于大直径钻头。生产中还常采用一种圆弧刃钻头,就是将标准麻花钻的主切削刃外缘处修磨成圆弧。

8. 扩孔方法

用扩孔刀具扩大工件孔径的方法称为扩孔。常用的扩孔刀具有麻花钻和扩孔钻。精度要求较低的孔可用麻花钻扩孔,精度要求较高的孔可用扩孔钻扩孔。扩孔精度一般可达 IT11 ~ IT10,表面粗糙度值 Ra 为 12.5 ~ 6.3 μm。

1)用麻花钻扩孔

用麻花钻扩孔时,由于横刃不参加切削,轴向切削力较小,进给省力,再加上钻头外圆处的前角较大,容易将钻头拉出,使钻头在尾座套筒中打滑,所以扩孔时,应将钻头外圆处的前角修磨得小些,并适当控制进给量,决不能因为钻削轻松而盲目加大进给量。

2)用扩孔钻扩孔

扩孔钻(见图 3 - 64)的主要特点是:

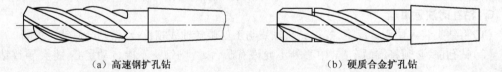

(a) 高速钢扩孔钻　　　　　　　　(b) 硬质合金扩孔钻

图 3 - 64　扩孔钻

(1)扩孔钻的齿数较多,导向性好,切削平稳。

(2)没有横刃,可以避免横刃对切削的不良影响。

(3)扩孔钻的钻心粗,刚性好,可选较大的切削用量。

由于扩孔钻结构上的特点弥补了麻花钻的不足,所以用扩孔钻扩孔的效果比麻花钻好。

(二)车孔

用车削方法扩大工件的孔或加工空心工件的内表面称为车孔。车床车孔多用于加工盘套类和小型支架类零件的孔。在套筒零件上车孔,通常分为车通孔、车台阶孔和车不通孔(盲孔)。车削内表面车刀在主副后面一般均磨成双重后角防止车刀后面与工件相碰,减少车刀后面与加工表面的摩擦,如图 3 - 65(c)所示

1. 车孔类型

(1) 车通孔:图 3-65(a)所示为在车床上车削套类零件的通孔。在车通孔时,车刀应选取较大的主偏角,一般取为 45°~90°,相应地减小背向力,从而防止切削时产生振动。

(2) 车台阶孔:图 3-65 所示为在车床上车削套类零件的台阶孔。在车台阶孔时,车刀主偏角一般在 90°~95°范围内选取,刀尖与伸入孔内的刀杆外侧间的距离应小于大、小两孔之和的 1/2,以保证孔的台阶平面能车平。

(3) 车不通孔:不通孔又称盲孔,图 3-65(b)所示为在车床上车削套类零件的不通孔。在车不通孔时,除要保证主偏角必须超过 90°外,刀尖与伸入孔内的刀杆外侧间的距离应小于孔径的 1/2,才能保证孔的台阶面能车平。

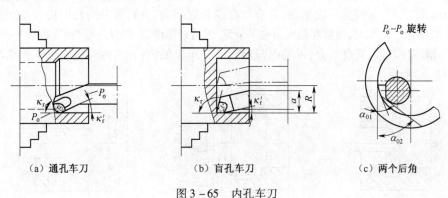

(a) 通孔车刀　　　(b) 盲孔车刀　　　(c) 两个后角

图 3-65　内孔车刀

2. 车内孔的关键技术问题

车内孔的工作条件较差,刀杆刚性差,排屑困难,所以车内孔的关键技术是解决内孔车刀的刚性和排屑问题。

增加内孔车刀的刚性主要采用以下两项措施:

(1) 尽量增加刀杆的截面积。当内孔车刀的刀尖位于刀杆的中心线上时,刀杆的截面积可达到最大限度,如图 3-66(a)所示。

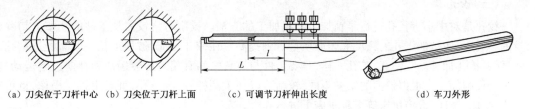

(a) 刀尖位于刀杆中心　(b) 刀尖位于刀杆上面　(c) 可调节刀杆伸出长度　　(d) 车刀外形

图 3-66　可调节刀杆长度的内孔车刀

(2) 尽可能缩短刀杆的伸出长度。刀杆伸出长度只需略大于孔深即可。

解决排屑问题,主要是控制切屑流出的方向。精车通孔时要求切屑流向待加工表面(前排屑),可以采用正值刃倾角的内孔车刀。车削盲孔时,应采用负值的刃倾角,使切屑从孔口排出。

3. 车内沟槽

1) 内沟槽车刀(见图 3-67)

内沟槽车刀与切断刀的几何形状相似,只是装夹方向相反,内沟槽车刀是在内孔中车槽。

加工小孔中的内沟槽车刀做成整体式[见图 3-67(a)]。在大直径内孔中车内沟槽的车刀可做成装夹式,如图 3-67(b)所示,车槽刀刀体装夹在刀柄上使用。由于内沟槽两侧面通常与孔轴线垂直,因此要求内沟槽车刀的刀体与刀柄轴线垂直。

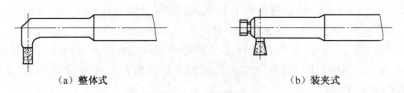

(a) 整体式　　　　　　(b) 装夹式

图 3-67　车内沟槽的方法

2) 内沟槽的车削方法

车内沟槽与车外沟槽方法相似。宽度较小和要求不高的内沟槽,可用主切削刃宽度等于槽宽的内沟槽车刀采用直进法一次车出;要求较高或较宽的内沟槽,可采用直进法分几次车出,如图 3-68(a)所示。粗车时,槽壁和槽底留精车余量,然后根据槽宽、槽深进行精车,如图 3-68(b)所示;若内沟槽深度较浅,宽度很大,可用内圆粗车刀先车出凹槽,再用内沟槽车刀车沟槽两侧面,如图 3-68(c)所示。

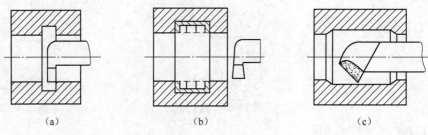

(a)　　　　　　(b)　　　　　　(c)

图 3-68　车内沟槽的方法

4. 车孔和车内沟槽时的注意事项

(1) 车孔时,由于刀杆刚性差,容易引起振动,因此切削用量应比车外圆小些。

(2) 要注意中滑板退刀方向与车外圆相反。

(3) 车小孔要随时注意排屑,防止切屑堵塞。

(三) 铰孔

铰孔是对中小直径孔进行半精加工和精加工的方法。铰削时用铰刀从工件的孔壁上切除微量的金属层,使被加工孔的精度和表面质量得到提高。在铰孔之前,被加工孔一般需经过钻孔或经过钻、扩孔加工。与钻孔、扩孔一样,只要工件与刀具之间有相对旋转运动和轴向进给运动,就可进行铰削加工。根据铰刀的结构不同,铰削可以加工圆柱孔、圆锥孔;可以用手工操作,也可在车床、钻床、镗床、数控机床等多种机床上进行。

1. 铰刀的类型

铰刀主要用于对孔进行半精加工和精加工。加工精度可达 IT9~IT7 级,粗糙度可达 $Ra1.6$~$0.4\ \mu m$。根据使用方法不同,可以分为手用铰刀和机用车交刀,如图 3-69 所示。

(1) 手用铰刀一般多为直柄,直径范围为 1~50 mm。其工作部分较长,锥角较小,导向作用好,可防止铰刀歪斜。修配及单件生产铰通孔时,常采用可调节式铰刀,当调节两端螺母使楔形刀片在刀体斜槽内移动时,可改变铰刀尺寸,调节范围为 0.5~10 mm,这样就实现了用一把铰刀可加工不同直径和公差要求的孔。

(2) 机用铰刀是用在机床上铰孔,常用高速钢制造,有锥柄和直柄两种。大尺寸铰刀为节约材料做成套装式的。为提高加工质量、生产率和铰刀耐用度,硬质合金铰刀的应用也日渐增多。

2. 铰刀的结构

如图 3-69 所示,铰刀由柄部、颈部和工作部分组成。工作部分包括导锥、切削部分和校准部分。切削部分担任主要的切削工作,校准部分起导向、校准和修光作用。为减小校准部分刀齿与已加工孔壁的摩擦,并防止孔径扩大,校准部分的后端为倒锥形状。

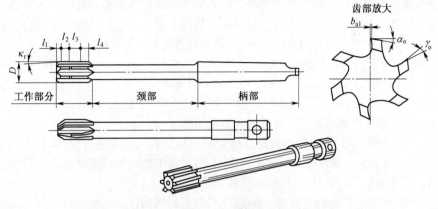

图 3-69 铰刀

3. 铰刀尺寸的选择

铰孔的精度主要取决于铰刀的尺寸。铰刀的基本尺寸与孔的基本尺寸相同,铰刀的公差一般取孔公差的 1/3,铰刀的上、下极限偏差可按下式计算:

$$上极限偏差 = \frac{2}{3} \times 被加工孔的公差$$

$$下极限偏差 = \frac{1}{3} \times 被加工孔的公差$$

4. 铰刀的装夹

在车床上铰孔时,一般是将铰刀装在尾座的锥孔中,并调整尾座与主轴轴线的同轴度(一般小于 0.02 mm),但对于一般精度的车床来说,这样高的调整要求极难达到,所以常采用浮动套筒(见图 3-70)来解决这个问题,铰刀插入套筒 1 或 7 中,由于套筒与主体 3、套与轴销 2 之间存在间隙,所以铰刀会产生浮动,铰削时,铰刀通过微量偏移自动调整其轴线与孔轴线重合,从而消除由于尾座轴线与主轴轴线同轴度误差对铰孔质量的影响。

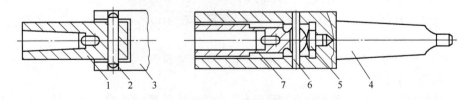

图 3-70 浮动套筒
1、7—套筒;2、6—轴销;3、4—主体;5—支承块

5. 铰孔的方法

铰刀在车床上铰削时,先把铰刀装夹在尾座套筒中或浮动套筒中(使用浮动套筒可以不找正),并把尾座移向工件,用手慢慢转动尾座手轮均匀进给实现铰削。

铰孔加工的特点:

(1) 铰削的加工余量一般小于 0.1 mm,铰刀的主偏角 k_r 一般都小于 45°,因此铰削时切削厚度很小,约 0.01~0.03 mm。除主切削刃正常的切削作用外,在主切削刃与校准部分之间的过渡部分上,形成一段切削厚度极薄的区域。当切削厚度小于刃口钝圆半径时,起切削作用的前角为负值,切削层没有被切除,而是产生弹、塑性变形后被压在已加工表面上,这时刀具对工件是挤刮作用。这个极薄切削厚度区域的变形情况决定铰孔的加工精度和表面粗糙度。由于已加工表面的弹性恢复。校准部分也对已加工表面进行挤压。当铰刀磨损后,刃口钝圆半径增大,切削刃也会有挤刮的现象存在。由此可见,铰削过程是个复杂的切削和挤压摩擦过程。

(2) 铰削过程所采用的切削速度一般都较低,因而切削变形较大。当加工塑性金属材料时会产生积屑瘤。使用切削液,可以避免积屑瘤并使切削力矩减小。但由于切削厚度较小,受到切削液润滑作用的切削刃无法切入工件,只能在加工表面上滑动,使加工表面受到严重挤压和摩擦,从而显著地增加了挤压摩擦力矩。因此总的转矩反而增加。

(3) 在切削液润滑作用下,切削刃的钝圆部分只在加工表面上滑动,使工件表面受到熨压作用,熨压后已加工表面发生弹性恢复。熨压作用越大,其加工表面粗糙度就越小,弹性恢复越大,其加工后的入径就越小。此时,铰刀钝化也越快。

(4) 铰削不能校正底孔的轴线偏斜。故此,机铰时可以采用浮动连接。

(5) 铰刀是定直径的精加工刀具,铰削的生产效率比其他精加工方法高,但是其适应性较差,一种铰刀只能用于加工一种尺寸的孔、台阶孔和盲孔。此外,铰削对孔径也有所限制,一般应小于 80 mm。

(6) 铰孔时,应根据工件材料、结构和铰削余量的大小,综合分析决定切削液的使用。

6. 切削液对铰孔质量的影响

铰孔时,切削液对孔的扩张量与孔的表面粗糙度有一定的影响。在干切削和使用非水溶性切削液铰削情况下,铰出的孔径比铰刀的实际直径略大一些,干切削最大。而用水溶性切削液铰削时,由于弹性复原,使铰出的孔比铰刀的实际直径略小些。

铰孔时,用水溶性切削液可使孔的表面粗糙度值减小,用非水溶性切削液的表面粗糙度次之,干切削最差。因此在铰孔时,必须充分加注切削液。铰削钢料时,可用乳化液;铰削铸铁时,可不加切削液或用煤油。

7. 铰孔时的注意事项

(1) 合理选择铰削用量。铰削时,切削速度越低,表面粗糙度值越小,切削速度最好小于 5 m/min。进给量取大一些,一般取 0.2~1 mm/r。

(2) 铰孔余量要合适。若用高速钢铰刀铰孔,余量一般为 0.08~0.12 mm,若用硬质合金铰刀铰孔,余量一般为 0.15~0.20 mm。

(3) 铰刀。铰刀刃口要锋利和完好无损,用完后,应妥善保管。

(4) 合理选择切削液。

(5) 铰孔前对孔的要求。使用浮动套筒铰孔不能修正孔的直线度误差,所以铰孔前一般要经过车孔来修正孔的直线度误差,对于小孔,可以经过扩孔后再铰孔。铰孔前,孔的表面粗糙度要小于 Ra 3.2 μm。

三、操作示例(车轴套)

1. 零件图样(见图 3-71)

2. 装夹方法

粗车时采用一夹一顶装夹,主要是为了提高工件加工时的刚性。因外圆径向圆跳动与内孔

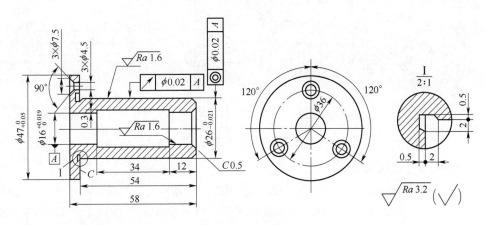

图 3-71 轴套

的同轴度要求较高,精车时应采用小锥度心轴定位。

3. 刀具、量具的选择

刀具:45°车刀、90°车刀、切槽刀、$\phi14$ mm 麻花钻、内孔车刀、$\phi16$ mm 铰刀等。量具:游标卡尺、0~25 mm 千分尺、25~50 mm 千分尺、内径百分表等。

4. 车削顺序

(1)用三爪自定心卡盘夹持 $\phi50$ mm 毛坯外圆,车 $\phi26$ mm 处端面。

(2)钻中心孔 $\phi2$ mm。

(3)采用一夹一顶装夹,粗车 $\phi26$ mm,留 1.5 mm 精车余量,长度为 52 mm。

(4)调头夹持 $\phi26$ mm 外圆,粗车端面及 $\phi47$ mm 外圆,外圆留 1.5 mm 精车余量。

(5)钻 $\phi14$ mm 通孔。

(6)车 $\phi16$ mm 孔,留 0.15 mm 铰孔余量。

(7)精车端面及 $\phi47_{-0.05}^{0}$ mm 外圆至尺寸。

(8)车内沟槽 0.3 mm×34 mm 至尺寸,孔口倒角 $C0.5$ 成形。

(9)铰孔 $\phi16_{0}^{+0.019}$ mm 至尺寸。

(10)以 $\phi16_{0}^{+0.019}$ mm 内孔为基准用小锥度心轴定位,车外沟槽至尺寸,精车台阶面 C,保证长度 54 mm。

(11)精车 $\phi26_{-0.021}^{0}$ mm 至尺寸。

四、套类零件的测量方法

测量孔径尺寸时,应根据工件的尺寸、数量和精度要求,采用相应的量具。若精度要求较低,可采用钢直尺、游标卡尺测量,精度要求较高时,可采用以下几种方法测量。

(一)用塞规测量

在成批生产中,为了测量方便和提高效率,常用塞规测量孔径。塞规的通端尺寸等于孔的最小极限尺寸,止端尺寸等于孔的最大极限尺寸(见图 3-72)。检验时,若通端通过,而止端不能通过,说明尺寸合格。使用塞规时应注意以下几点:

(1)在工件处于常温时检验,以减小温度对检验结果的影响。

(2)不可硬塞强行通过,一般应靠塞规自身重力自由通过。

(3)检验时塞规轴线应与孔轴线一致,不可歪斜。

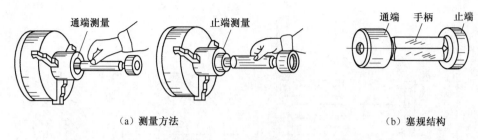

(a) 测量方法　　　　　　　　(b) 塞规结构

图 3-72　塞规及其应用

(二) 用内径千分尺测量

内径千分尺的结构如图 3-73(a) 所示,它由测微头和各种尺寸的接长杆组成。其测量范围为 50~150 mm,分度值为 0.01 mm,读数方法和千分尺相同。测量时,内径千分尺应在孔内摆动,在径向方向应找出最大尺寸,轴向方向应找出最小尺寸,这两个重合尺寸就是孔的实际尺寸,如图 3-73(b) 所示。

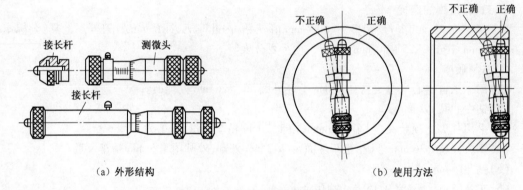

(a) 外形结构　　　　　　　　(b) 使用方法

图 3-73　内径千分尺及其使用方法

(三) 用内测千分尺测量

内测千分尺是内径千分尺的一种特殊形式,使用方法见图 3-74 所示。内测千分尺的刻线方向与千分尺相反,当顺时针方向旋转微分筒时,活动爪向右移动,测量值增大。可用于测量 5~30 mm 的孔径。

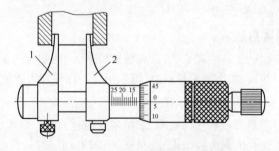

图 3-74　内测千分尺及其使用
1—固定爪;2—活动爪

【思考与练习】

1. 麻花钻由哪几部分组成?
2. 麻花钻的顶角通常为多少度?怎样根据刀刃形状判别顶角大小?
3. 如何刃磨麻花钻?刃磨时要注意哪些问题?
4. 为什么要对普通麻花钻进行修磨?一般修磨方法有哪几种?
5. 车孔的关键技术是什么?如何改善车孔刀的刚性?
6. 通孔车刀与盲孔车刀有什么区别?
7. 车盲孔时,用来控制孔深的方法有哪几种?
8. 怎样保证套类工件的内外圆的同轴度和端面与孔轴线的垂直度?
9. 常用的心轴有哪几种?各用在什么场合?
10. 利用内径百分表(千分表)检测内孔时,要注意什么问题?

任务3.5　圆锥面的车削

【相关知识与技能】

一、基本知识

(一)圆锥面的应用及特点

在车床和工具中,有许多使用圆锥面配合的场合,如车床主轴锥孔与顶尖的配合,车床尾座锥孔与麻花钻锥柄的配合等(见图3-75)。常见的圆锥零件有圆锥齿轮、锥形主轴、带锥孔的齿轮、锥形手柄等(见图3-76)。

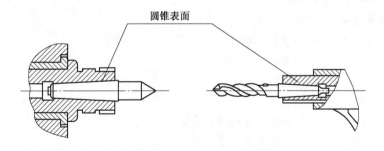

图3-75　圆锥零件的配合实例

圆锥面配合的主要特点是:当圆锥角小(在3°以下)时,可以传递很大的转矩;同轴度较高,能做到无间隙配合。加工圆锥面时,除了尺寸精度、形位精度和表面粗糙度具有较高要求外,还有角度(或锥度)的精度要求。角度的精度用加、减角度的分或秒表示。对于精度要求较高的圆锥面,常用涂色法检验,其精度以接触面的大小来评定。

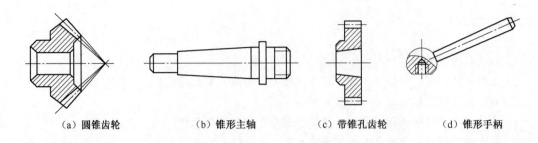

(a) 圆锥齿轮　　(b) 锥形主轴　　(c) 带锥孔齿轮　　(d) 锥形手柄

图 3-76　常见圆锥面的零件

(二)圆锥的各部分名称及尺寸计算

1. 圆锥表面和圆锥

圆锥表面是由与轴线成一定角度且一端相交于轴线的一条直线段(母线),绕该轴线旋转一周所形成的表面(见图 3-77)。由圆锥表面和一定轴向尺寸、径向尺寸所限定的几何体,称为圆锥。圆锥又可以分为外圆锥和内圆锥两种(见图 3-78)。

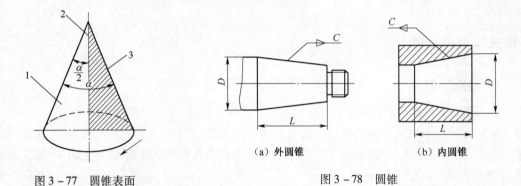

图 3-77　圆锥表面　　　　　　图 3-78　圆锥

1—圆锥表面;2—轴线;3—圆锥素线

2. 圆锥的基本参数(见图 3-79)

(1)最大圆锥大端直径 D 简称大端直径。

(2)最小圆锥小端直径 d 简称小端直径。

(3)圆锥长度 L:最大大端直径与最小小端直径之间的轴向距离。

(4)圆锥角 α 及圆锥半角 $\alpha/2$。在通过圆锥轴线的截面内,两条素线之间的夹角称圆锥角。圆锥角的一半称圆锥半角,也就是圆锥母线与圆锥轴线之间的夹角。车削时,常用到圆锥半角 $\alpha/2$。

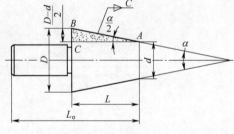

图 3-79　圆锥的计算

(5)锥度 C:大端直径与小端直径之差与圆锥长度之比称为锥度。

$$C = \frac{D - d}{L} \tag{3-1}$$

锥度 C 确定后,圆锥半角 $\alpha/2$ 则能计算出,所以锥度和圆锥半角 $\alpha/2$ 属于同一基本参数。

3. 圆锥各部分尺寸的计算

由式(3-1)可知,圆锥具有四个基本参数,只要已知其中三个参数,便可以计算出其他一个未知参数。

(1)圆锥四个基本参数之间的关系式:

$$\tan\frac{\alpha}{2} = \frac{D-d}{2L} \quad (3-2)$$

$$C = \frac{D-d}{L}$$

用式(3-2)计算圆锥半角 $\alpha/2$,需要查三角函数表,比较麻烦,所以当圆锥半角 $\frac{\alpha}{2}<6°$ 时,用下面近似公式计算:

$$\frac{\alpha}{2} \approx 28.7° \times \frac{D-d}{L} \quad (3-3)$$

或

$$\frac{\alpha}{2} \approx 28.7° \times C \quad (3-4)$$

采用近似公式计算圆锥半角 $\alpha/2$ 时,应注意:

①圆锥半角应在6°以内。

②计算结果是"度",度以后的小数部分是10进位的,而角度是60进位。应将含有小数部分的计算结果转化成度、分、秒。例如2.35°并不等于2°35′。因此,要用小数部分去乘60′,即60′×0.35=21′,所以2.35°应为2°21′。

(2)计算举例。

【例3-1】 有一外圆锥,已知 $D=22$ mm,$d=18$ mm,$L=64$ mm,试分别用查三角函数表法和近似法计算圆锥半角 $\alpha/2$。

解:①用查三角函数表法。由公式(3-2)可得:

$$\tan\frac{\alpha}{2} = \frac{D-d}{2L} = \frac{22-18}{2\times64} = 0.03125$$

查三角函数表:

$$\frac{\alpha}{2} = 1°47′$$

②近似法计算。由公式(3-3)可得:

$$\frac{\alpha}{2} \approx 28.7° \times \frac{D-d}{L} = 28.7° \times \frac{22-18}{64} = 1.79° = 1°47′$$

【例3-2】 加工图3-80所示的零件,试计算小端直径(d)和圆锥半角($\alpha/2$,用近似法计算)。

解:已知 $D=45$ mm,$L=50$ mm,$C=1/5$。

根据公式(3-1)可得:

$d = D - CL = 45 - 1/5 \times 50 = 35(\text{mm})$

根据公式(3-3)可得:

$\frac{\alpha}{2} \approx 28.7° \times \frac{D-d}{L} = 28.7° \times \frac{45-35}{50} = 5.74° = 5°44′24″$

(三)标准工具的圆锥

为了制造和使用方便,降低生产成本,常用的工具、刀具上的圆锥都已标准化。即圆锥的各部分尺寸,都符合几个号

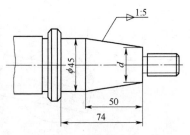

图3-80 标准锥度的工件

码的规定,使用时,只要号码相同,则能互换。标准工具的圆锥已在国际上通用,不论哪个国家或地区生产的机床或工具,只要符合标准圆锥都能达到互换要求。常用的标准工具的圆锥有下面两种:

1. 莫氏圆锥

莫氏圆锥在机器制造业中应用广泛,如车床主轴锥孔、顶尖柄、钻头柄、铰刀柄等都使用莫氏圆锥。莫氏圆锥分为7个号码,即0、1、2、3、4、5、6,最小的是0号,最大的是6号。莫氏圆锥是从英制换算过来的,当号数不同时,圆锥角和尺寸都不同。莫氏圆锥的各部分尺寸可以从有关手册中查出。

2. 米制圆锥

米制圆锥有7个号码,即4、6、80、100、120、160和200号。它的号码是指大端直径,锥度固定不变,即 $c = 1:20$。例如:100号米制圆锥,它的大端直径是100 mm,锥度 $C = 1:20$。米制圆锥的优点是锥度不变,记忆方便。米制圆锥的各部分尺寸可以从有关手册中查出

二、车削圆锥面的方法

因圆锥既有尺寸精度,又有角度要求,因此,在车削中要同时保证尺寸精度和圆锥角度。一般先保证圆锥角度,然后精车控制其尺寸精度。车外圆锥面主要有:转动小滑板法、偏移尾座法、仿形法和宽刀刃车削法四种。

(一)转动小滑板法

根据圆锥的形状确定小滑板的转动方向后,松开小滑板下面转盘上的螺母,逆时针转动小滑板,把转盘转至所需要的圆锥半角 $\alpha/2$ 的刻度线上,与基准零线对齐后,拧紧转盘上的螺母,如果锥角不是整数,可在锥角附近估计一个值,试车后逐步找正,其原理如图3-81所示。

采用转动小滑板法切削时应当注意:

(1)车刀刀尖必须严格对准工件的旋转中心,否则车出的圆锥素线将不是直线,而是双曲线。

(2)小滑板转动的角度一定要等于工件的圆锥半角 $\alpha/2$,如图样上标注的不是圆锥半角时,应将其换算成圆锥半角。

(3)转动小滑板时一定要注意转动方向正确。车正外圆锥面(工件大端靠近主轴,小端靠近尾座方向)时,小滑板应逆时针方向转动一个圆锥半角 $\alpha/2$,反之则应顺时针方向转动一个圆锥半角 $\alpha/2$。

【例3-3】 车削图3-82所示的圆锥齿轮,求小滑板转动的方向及转动的角度。

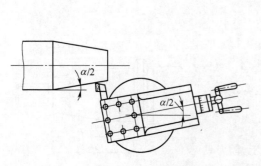

图3-81 转动小滑板车削外圆锥

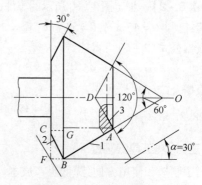

图3-82 车圆锥齿轮坯

解:车削圆锥面1时,小滑板运动方向应与 OB 平行,OB 与工件轴线的夹角为 $\dfrac{60°}{2}=30°$,即小滑板应逆时针转过30°。

车削圆锥面2时,小滑板运动方向应与 BC 平行,BC 与工件轴线的夹角为 $90°-30°=60°$,即小滑板应顺时针转过60°。

车削圆锥面3时,小滑板运动方向应与 AD 平行,AD 与工件轴线的夹角为 $\dfrac{120°}{2}=60°$,即小滑板应顺时针转过60°。

采用转动小滑板法车削圆锥的优点是:调整范围大,可车削各种角度的圆锥;能车削内、外圆锥;在同一零件上车削多个圆锥面时调整较方便。缺点是:因受行程限制,只能加工长度较短的圆锥,车削时只能手动进给,劳动强度大,表面粗糙度难以控制。

(二)偏移尾座法

对于较长而锥度较小的圆锥形工件,可采用偏移尾座法进行车削。车削时,工件装夹于两顶尖之间,将尾座上滑板横向偏移一个距离 s,使工件回转轴线与车床主轴轴线成一个斜角,即两顶尖连线与原来两顶尖中心线相交一个圆锥半角 $\alpha/2$,其原理如图3-83所示。

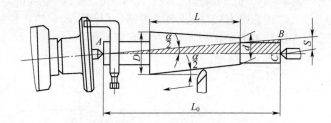

图3-83 偏移尾座法车削圆锥

用偏移尾座法车削圆锥时,必须注意尾座的偏移量不仅和圆锥长度有关,而且还和两顶尖之间的距离有关,这段距离一般可近似看作工件全长 L。尾座偏移量可用下面近似公式计算:

$$S \approx L_0 \tan\frac{\alpha}{2} = \frac{D-d}{2L}L_0$$

或

$$S \approx \frac{C}{2}L_0$$

式中　S——尾座偏移量,mm;

D——大端直径,mm;

d——小端直径,mm;

L——圆锥长度,mm;

L_0——工件全长,mm;

C——锥度。

【例3-4】 有一外圆锥,$D=80$ mm,$d=75$ mm,$L=100$ mm,$L=120$ mm,求尾座偏移量 S。

解:根据式(3-5)可得:

$$S \approx \frac{D-d}{2L}L_0 = \frac{80-75}{2\times 100}\times 120 = 3\ (\text{mm})$$

采用偏移尾座法车削圆锥的优点是:可利用机动进给车削,车出的工件表面粗糙度值较小;能车削较长的外圆锥。缺点是:受尾座偏移量的限制,不能车锥度较大的圆锥,也不能车内圆锥;车削时中心孔接触不良或每批工件两中心孔间的距离不一致,会影响工件的加工质量。

(三)仿形法

仿形法是在床鞍上安装靠模,可以车削内外圆锥,其原理如图3-84所示。仿形(靠模)法可机动进给,效率高,精度高,适合成批车削锥度小而锥体长的工件。对于某些较长的圆锥面和圆锥孔,当其精度要求较高,批量较大时常采用此方法。

在车床上采用仿形(靠模)法加工圆锥面时必须配备靠模板。靠模装置底座一般固定在车床床身的后面,底座上面装有锥度靠模板,它可以绕中心轴线旋转到与工件轴线相交成 $\alpha/2$ 圆锥角的角度。滑板可自由地沿靠模板滑动,滑板又用固定螺钉与中滑板连接在一起。为了使中滑板能自由滑动,必须把中滑板上的横向进给丝杠与螺母脱开。为了便于调整背吃刀量,小滑板必须转过90°。当床鞍作纵向自动进给时,滑板就沿着靠模板滑动,从而使车刀的运动平行于靠模板,车出所需的圆锥面。

仿形(靠模)法的优点是:可在自动进给条件下车削锥体,能保证一批工件获得稳定一致的合格锥度。目前已逐步被数控车削锥体代替。

(四)宽刃刀车削法

车削较短的圆锥时,可以用宽刃刀直接车出,如图3-85所示。其工作原理实质属于仿形法,所以要求切削刃必须平直,切削刃与主轴轴线的夹角应等于工件圆锥半角 $\alpha/2$。

切削用量应小些,且要求车床具有较好的刚性,否则易引起振动。当工件的圆锥斜面长度大于切削刃长度时,可采用多次接刀方法加工,但接刀处必须平整。

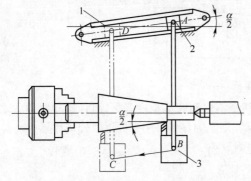

图3-84 仿形法车圆锥的基本原理
1—靠模板;2—滑块;3—刀架

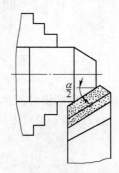

图3-85 宽刃刀车削圆锥

(五)车削圆锥时产生废品的原因及预防措施(见表3-9)

表3-9 车削圆锥时产生废品的原因及预防措施

废品种类	加工方法	产生原因	预防措施
锥度不正确	转动小滑板加工	转动角计算错误	计算小滑板应转的角度及方向,并试车校正
		小滑板移动时松紧不匀	调整镶条时小滑板移动均匀
	偏移尾座法	尾座偏移位置不正确	计算和调整尾座偏移量
		工件长度不一致	同一批零件的长度要一致
	宽刃法加工	装刀不正确	调整主切削刃角度,对准中心
		主切削刃不直	修磨主切削刃的直线度
双曲线误差		刀尖没有对准工件轴线	车刀刀尖要严格对准工件轴线

三、操作示例

(一)车外圆锥

1. 工件图样

工件图样如图 3-86 所示。

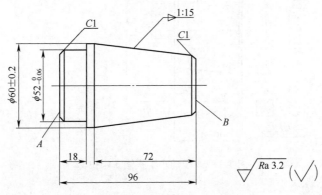

图 3-86 手动进给车外圆锥体

2. 装夹方法

用三爪自定心卡盘装夹。

3. 刀具、量具的选择

刀具:45°车刀、90°车刀等。

量具:游标卡尺、千分尺、万能角度尺等。

4. 车削顺序

(1)用三爪自定心卡盘夹持外圆,伸出长度大于 20 mm,找正夹紧。

(2)车端面 A 及粗、精车外圆 $\phi 52_{-0.06}^{0}$ mm 及长度 18 mm 至尺寸,倒角 $C1$ 成形。

(3)夹住 $\phi 52_{-0.06}^{0}$ mm 外圆,车端面 B,截总长 96 mm 至尺寸,粗、精车外圆 $\phi 60 \pm 0.2$ mm 至尺寸。

(4)小滑板逆时针方向转动一个圆锥半角,粗、精车外圆锥面至尺寸。

(5)倒角 $C1$ 成形。

(二)车定位套

1. 工件图样

工件图样如图 3-87 所示。

2. 装夹方法

用三爪自定心卡盘装夹。

3. 刀具、量具的选择

刀具:45°车刀、90°车刀、内孔车刀、麻花钻等。

量具:游标卡尺、千分尺、锥形量规、圆锥心轴等。

4. 车削顺序

(1)用三爪自定心卡盘夹持毛坯外圆,车端面,外圆 $\phi 175$ mm 至尺寸。

(2)粗车外圆 $\phi 155_{-0.028}^{+0.012}$ mm 到 $\phi 157$ mm,长度 17 mm。

(3)调头夹外圆 $\phi 157$ mm,车端面截总长 70 ± 0.05 mm 至尺寸;车外圆 $\phi 175_{-0.028}^{+0.012}$ mm 到

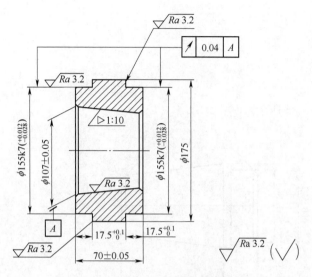

图3-87 转动小滑板法车定位套

$\phi 157$ mm,长度 17 mm。

(4)钻通孔后粗车孔至尺寸 $\phi 98$ mm。

(5)转动小滑板粗、精车 1:10 圆锥孔至图样要求,用圆锥塞尺涂色检查接触面≥60%。

(6)用圆锥心轴定位装夹,精车一端外圆 $\phi 155^{+0.012}_{-0.028}$ mm,长度 $17.5^{+0.1}_{0}$ mm 至尺寸。

(7)精车另一端外圆 $\phi 155^{+0.012}_{-0.028}$ mm,长度 $17.5^{+0.1}_{0}$ mm 至尺寸。

四、圆锥面的检验

圆锥面的检测主要是指圆锥角度和尺寸精度检测。常用角度样板、万能角度尺检测圆锥角度和用正弦规或涂色法来评定圆锥精度。

(一)用角度样板检测

角度样板属于专用量具,常用在成批大量生产时,可减少辅助时间。样板的形状及角度由被测工件的形状和角度决定。图3-88所示为测量圆锥齿轮坯角度的方法,通过透光法判定工件角度是否合格。

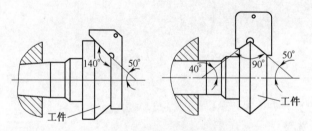

图3-88 用样板测量圆锥齿轮坯的角度

(二)用万能角度尺检测

用万能角度尺可以测量 0°~320° 范围内的任何角度。

(三)用涂色法检验圆锥面

1. 检验内圆锥

用锥度塞规检验内圆锥时,要求工件和塞规表面清洁,工件内圆锥表面粗糙度 Ra 小于

3.2 μm 且无毛刺。检验时,首先在锥度塞规表面顺着圆锥素线用显示剂薄而均匀地涂上三条线(线与线相隔120°),然后将锥度塞规轻轻地塞入工件的孔中转动,稍加轴向推力,将锥度塞规转动1/4圈后取出,观察显示剂擦去的情况,若三条显示剂全长擦痕均匀,说明圆锥接触良好,工件锥度正确;若小端擦去,大端未擦去,说明圆锥角大了;若大端擦去,小端未擦去,说明圆锥角小了。

2. 检验外圆锥

检验方法与检验圆锥孔的方法相同,只是显示剂应涂在工件的锥面上,如图3-89所示。

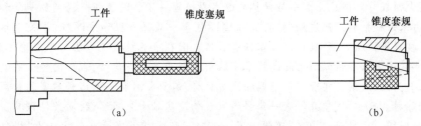

图3-89 用锥度量规测量圆锥

3. 锥度量规

对于标准圆锥或配合精度要求较高的圆锥工件,一般可以使用锥度量规来检验。锥度量规分锥度塞规和锥度套规两种,如图3-90所示。锥度塞规用于检验内圆锥,锥度套规用于检验外圆锥。

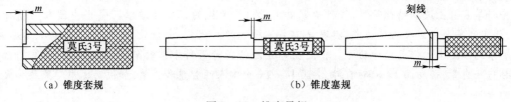

图3-90 锥度量规

【思考与练习】

1. 什么叫锥度?写出其计算公式。
2. 根据已知条件,用查三角函数表的方法计算出下列圆锥半角 $\alpha/2$。
   (1) $D = 24$ mm, $d = 20$ mm, $L = 46$ mm。
   (2) $C = 1:5$。
3. 根据已知条件,用近似公式计算出下列圆锥半角 $\alpha/2$。
   (1) $D = 25$ mm, $d = 24$ mm, $L = 20$ mm。
   (2) $C = 1:20$。
4. 车外圆锥面一般有哪几种方法?各适用于何种情况?
5. 用转动小滑板法车圆锥有什么优缺点?
6. 用偏移尾座法车圆锥有什么优缺点?偏移尾座主要有哪几种测量方法?
7. 怎样检测圆锥锥度的正确性?
8. 车锥度 $C = 1:20$ 的圆锥体,用圆锥套规测量时,工件小端离开套规缺口的中心为8 mm,需切削深度多少才能使直径尺寸合格?

【拓展阅读】

爱国情怀

　　我国机械加工行业起步于20世纪50年代,随着国民经济和装备制造业的发展,行业整体技术水平得到大幅提升。但总体水平与世界先进水平还有差距。随着新一轮产业革命和科技革命的兴起,抢占未来科技和产业发展制高点,在国际竞争中赢得先机和主动权,事关中华民族的前途命运。科技兴则民族兴,科技强则国家强。虽然我国在很多科技领域已由跟跑跨越到并跑、领跑,但是一些发达国家在科学前沿和高技术领域仍占据明显领先优势,我国的许多关键核心技术还受制于人。为此,我们要实现科技强国的战略目标,需要大力弘扬杰出科学家的爱国主义情怀和无私奉献精神。比如,钱学森等老一辈科学家在物质基础十分薄弱、科研条件极其困难的条件下,在较短的时间内成功研制出了"两弹一星";新时代科学家楷模黄大年被誉为"拼命黄郎",他带领400多名科学家创造了多项"中国第一",填补了多项技术空白,用5年时间走完了发达国家20多年的科研历程。在新中国科技事业的发展过程中,科学家们形成的"两弹一星"精神、"载人航天精神"和"西迁精神"等已成为中华民族精神的重要内容。我们大家要传承科学家的爱国理想和信念,用爱国信仰汇聚奋斗力量,用爱国责任激发奋斗热情,用爱国行动创立奋斗功勋,勇于挑战科学前沿,创造更多世界领先的科技成果。"伟大的事业需要伟大的精神。"当前,我们应从优秀科学家身上汲取精神营养,将科学家爱国、为国、为民的优秀品质融入每个中国人的精神血脉,落实到每个中国人的行动中,实现爱国主义精神的时代化、大众化,形成中华民族从站起来、富起来到强起来的强大精神动力。我们应充分发扬新时代科学家的爱国主义精神,以思想自觉引领行动自觉,奋发向上,砥砺前行,汇集14亿多中国人的智慧和力量,加快实现中华民族伟大复兴的进程。

　　总之,中国青年从未缺席祖国的任何一次觉醒和奋起,新时代青年必将以更加昂扬的士气谱写爱国主义的新篇章。

项目 4　铣 工 实 训

项目导读

铣削加工是在铣床上,用旋转的铣刀切削工件的加工方法。铣削时,铣刀的旋转为主运动,工件的移动为进给运动。

由于铣刀是多刃旋转刀具,铣削时,有多个刀齿同时参加切削,每个刀齿又可间歇地参加切削和轮流进行冷却。因此,铣削可采用较高的速度,铣削生产率比刨削高,常用于成批大量生产。除加工狭长平面以外,可加工平面、台阶、沟槽、齿轮和成形面等,如图4-1所示。

铣削加工工件尺寸精度等级一般为IT9~IT8,表面粗糙度 Ra 值为 6.3~1.6 μm。

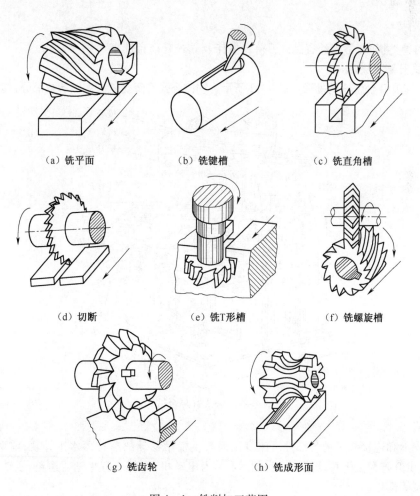

(a) 铣平面　　(b) 铣键槽　　(c) 铣直角槽

(d) 切断　　(e) 铣T形槽　　(f) 铣螺旋槽

(g) 铣齿轮　　(h) 铣成形面

图4-1　铣削加工范围

学习目标

1. 熟悉铣床的结构、铣刀的种类与用途。
2. 能够熟练进行工件的找正与装夹。
3. 能够合理选择铣削用量。
4. 养成文明生产的良好工作习惯和严谨的工作作风。
5. 在知识传授、能力培养中,弘扬社会主义核心价值观,培养学生实事求是,勇于克服困难的精神,树立正确的世界观、人生观、价值观,通过学习各种零部件的加工制作,懂得"工匠精神"的本质。

任务　平面和齿轮的铣削

【相关知识与技能】

一、基本知识

(一)铣床

铣床的种类很多,常用的有卧式升降台铣床及立式升降台铣床。

1. 卧式升降台铣床

卧式万能升降台铣床的外形如图4-2所示。它比卧式升降台铣床多了转台部分,其组成如下。

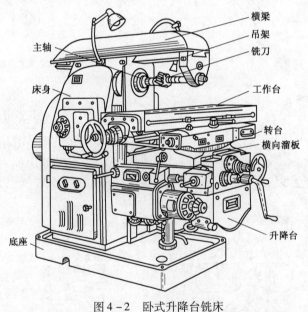

图4-2　卧式升降台铣床

1)床身

用来支承和连接铣床的各部件。床身顶面有供横梁移动的燕尾形水平导轨;前壁的燕尾形垂直导轨,供升降台上下移动用。床身的后面装有电动机,内部装有主轴变速箱、主轴、电器装置和润滑油泵等部件。

2)横梁

横梁上装有吊架,用以支持刀杆的外伸端,以减少刀杆的弯曲和颤动,根据刀杆的长度可以调整吊架的位置或横梁伸出长度。若将横梁移至床身后端,可在主轴头部装上立铣头,作为立式铣床用。

3)主轴

主轴是空心的,前端有锥孔用来安装刀杆,并带动铣刀旋转。

4)升降台

用来支承和安装横溜板、转台和工作台,并带动它们沿床身的垂直导轨上下移动,以调整台面与铣刀间的距离。升降台内部装有进给运动电动机及传动系统。

5)横溜板

用来带动工作台在升降台的水平导轨上作横向移动,以便调整工件与铣刀的横向位置。

6)转台

上面有燕尾形水平导轨,供工作台做纵向移动,下面与横溜板用螺栓相连,松开螺栓,可使转台带动工作台水平旋转一个角度(最大为±45°),以使工作台做斜向移动。

7)工作台

用来安装工件和夹具。台面上有T形槽,槽内放入螺栓可紧固工件或夹具。台面下部有一根传动丝杠,通过它使工作台带动工件作纵向进给运动。工作台的前侧面有一条T形槽,用来固定与调整挡铁的位置,以便实现机床的半自动操作。

8)底座

底座是铣床的基础部件,用以连接固定床身及升降丝杠座,并支承其上部的全部质量。底座内可存放切削液。

万能升降台铣床可以手动或机动作纵向(或斜向)、横向和垂直方向的运动;工作台在三个方向的空行程,均可快速移动,以提高生产率。

2. 立式升降台铣床

立式升降台铣床的外形如图4-3所示。它与卧式升降台铣床的主要区别是主轴垂直于工作台,立铣头还可在垂直平面内偏转一定角度,从而扩大了铣床的加工范围。其他部分与卧式升降台铣床相似。

(二)分度头

分度头是铣床的主要附件之一。许多零件的加工,如铣削六角螺钉头、花键、齿轮、多头螺旋槽等都需要利用分度头进行分度。通常在铣床上使用的分度头有简单分度头、万能分度头、自动分度头等,其中使用最多的是万能分度头。

1. 分度头的用途

分度头的作用:①可作等分或不等分的圆周分度;②可将工件轴线相对于铣床工作台台面倾斜一定的角度,加工各种位置的沟槽、平面;③通过挂轮,分度头主轴可带动工件作连续旋转,以加工螺旋沟槽,如油槽、阿基米德螺旋线凸轮等。

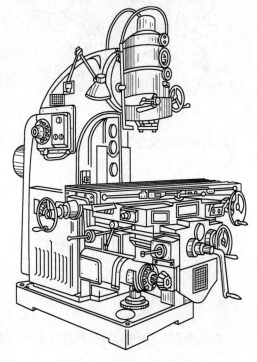

图4-3 立式升降台铣床

2. 分度头的构造原理

图 4-4 是分度头的外形图。它是由底座、回转体、主轴和分度盘等组成。分度头主轴是空心的,两端均为莫氏 4 号锥孔,前锥孔用来装带有拨盘的顶尖,后锥孔可装入心轴,作为差动或作直线移动分度以及加工小导程螺旋面时安装挂轮用。主轴前端外部有一段定位锥体,用于与三爪自定心卡盘的过渡盘(法兰盘)配合。回转体通过轴承支承在底座上,主轴可随回转体在底座的环形导轨内转动。因此,主轴除安装成水平位置外,还可在 $-6°\sim 95°$ 范围内调整角度。

转动手柄,可使分度头主轴转动到所需位置。分度盘上均布着不同孔数的几圈孔,定位插销可在分度手柄的径向槽中移动,以便插销插入不同孔数的孔圈中。万能分度头带有三块分度盘,每块分度盘有 8 圈孔,孔数如下:

第一块:16、24、30、36、41、47、57、59
第二块:22、27、29、31、37、49、53、63
第三块:23、25、28、33、39、43、51、61

分度头的传动系统如图 4-5 所示。分度时,拔出定位销,摇动手柄可使蜗杆带动蜗轮和主轴转动,手柄每转 40 转,主轴可转 1 转。其传动比为 1∶40。

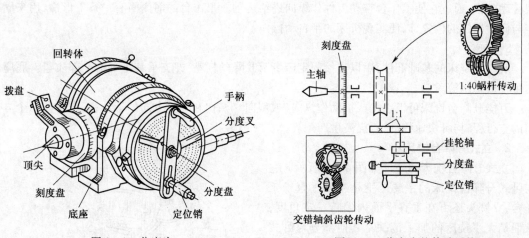

图 4-4 分度头   图 4-5 分度头的传动系统

若工件的等分数为 z,则工件每分一等份应转 $1/z$ 转,此时手柄应摇过的圈数为 n,并得下列关系式

$$1:40 = 1/z:n$$

即 $n = 40/z$。

3. 分度方法

使用分度头进行分度的方法有直接分度法、简单分度法、角度分度法、差动分度法和近似分度法等。

(1) 简单分度法

最常用的简单分度法计算公式为:

$$n = 40/z$$

例如,若铣削 $z = 35$ 的齿轮,每次分度时,手柄应摇过的转数为:

$$n = 40/z = 40/35 = 8/7 = 1\frac{1}{7} \text{(转)}$$

由于 n 不全是整数,其中非整数转数应借助分度盘来摇动手柄。

FW250 型分度头备有两块分度盘,其各圈孔数为:

第一块正面:24、25、28、30、34、37;

第一块反面:38、39、41、42、43。

第二块正面:46、47、49、51、53、54;

第二块反面:57、58、59、62、66。

由此可得:用第一块分度盘正面的 28 孔圈,$1/7 \times 28 = 4$,即利用孔数为 28 的孔圈,将手柄转过 1 转后,再转过 4 个孔距。简单分度时,分度盘固定不动。

为了使分度迅速准确,可借助分度叉作分度定位。分度叉的使用方法如图 4-6 所示。

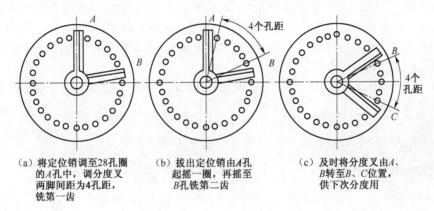

(a) 将定位销调至28孔圈的A孔中,调分度叉两脚间距为4孔距,铣第一齿

(b) 拔出定位销由A孔起摇一圈,再摇至B孔铣第二齿

(c) 及时将分度叉由A、B转至B、C位置,供下次分度用

图 4-6 分度叉的使用方法

若工件的等分数为 61、63、67 等数,与分度头定数 40 不能相约,或相约后分度盘上没有所需要的孔圈时,就不能用简单分度法了。

(2) 差动分度法

由于孔盘的孔圈有限,有些分度数(尤其是质数分度)常常因找不到合适的孔圈而不能使用简单分度法分度,如分度数为 67、79、97、107 等,这时应采用差动分度法。

差动分度时,应松开分度盘上的紧固螺钉,使分度盘可随螺旋齿轮转动,并在分度头主轴与交换齿轮轴之间,安装挂轮 z_1、z_2、z_3、z_4 如图 4-5 所示。当手柄转动时,通过齿轮、蜗杆副和挂轮驱动分度盘随主轴的转动而慢速转动。此时,手柄的实际转数是手柄相对于分度盘的转数和分度盘本身转数的代数和。这种利用手柄和分度盘同时转动进行分度的方法称为差动分度法。

假设工件为 z 等份,则分度主轴每次分度转过 $\frac{1}{z}$,手柄仍应转过 $\frac{40}{z}$,即手柄由 A 处转到 C 处,但 C 处无相应的孔供定位销定位,故不能用简单分度法进行分度。这时为借用分度盘上已有的孔圈,可假设按 z_0 来计算手柄转数(z_0 要接近 z,并能进行简单分度),则手柄转数为 $\frac{40}{z_0}$,即定位销从 A 处转至 B 处,此时,如果分度盘是固定不动的,则手柄的转数是 $\frac{40}{z_0}$ 而不是应转的 $\frac{40}{z}$,两者的差值为 $\frac{40}{z} - \frac{40}{z_0} = \frac{40(z_0 - z)}{zz_0}$,为补偿这一差值,$B$ 处的孔应转至 C 处供定位销定位。也就是说,差动分度时,当定位销由 A 转 $\frac{40}{z}$ 至 C 点时,分度盘转过 $(\frac{40}{z} - \frac{40}{z_0})$ 转,使 B 处的孔恰好转至 C

处与定位销对齐。

这时,分度手柄与分度盘之间的运动关系是:

分度手柄转 $\dfrac{40}{z}$ 转,分度盘转 $\dfrac{40(z_0-z)}{zz_0}$,运动平衡式为:

$$\frac{40}{z} \times \frac{1}{1} \times \frac{1}{40} \times \frac{z_1}{z_2} \times \frac{z_3}{z_4} \times \frac{1}{1} = \frac{40(z_0-z)}{zz_0}$$

化简得:

$$\frac{z_1}{z_2} \times \frac{z_3}{z_4} = \frac{40(z_0-z)}{z_0}$$

式中,z 是工件的等分数;z_0 表示假想等分数(应能约分);z_1、z_2、z_3、z_4 表示配换挂轮的齿数。

当 $z_0 > z$ 时,挂轮传动比为正值,手柄与分度盘转动方向相同;当 $z_0 < z$ 时,挂轮传动比为正值,手柄与分度盘转动方向相反。采用差动分度法分度时,孔盘的转向是否正确非常重要,否则将会造成加工误差,乃至产生废品。

【例 4-1】 加工需 97 等份的工件,试确定手柄转数及交换齿轮的齿数,并确定孔盘孔圈数。

解:假设等分数 $z_0 = 100$,则 $n_0 = \dfrac{40}{z_0} = \dfrac{40}{100} = \dfrac{2}{5} = \dfrac{12}{30}$

即每分度一次,分度手柄相对孔盘在 30 孔的孔圈上转过 12 个孔距。

交换齿轮齿数的确定:$\dfrac{z_1}{z_2} \times \dfrac{z_3}{z_4} = \dfrac{40(z_0-z)}{z_0} = \dfrac{40(100-97)}{100} = \dfrac{6}{5} = \dfrac{30}{50} \times \dfrac{40}{20}$

即 $z_1 = 30$、$z_2 = 50$、$z_3 = 40$、$z_4 = 20$,正号表示孔盘与分度手柄转向相同。

分度时应注意:只要分度数能约分,或虽为质数但孔盘的孔圈数恰好有此数值时,应首选简单分度法,以保证分度精度。如遇质数而孔圈数又不具备此数值时,可用差动分度法。差动分度时,应事先松开孔盘左侧的紧固螺钉,在交换齿轮、孔圈、孔距都确定,用切痕法检验分度正确后,才能进行正式的切削加工。

差动分度法也可在常用机械加工手册中,直接从差动分度表中查找计算结果。

(三)铣刀的种类和用途

铣刀的种类和分类方法很多,按铣刀的用途和形状可分为圆柱铣刀、端面铣刀、立铣刀、键槽铣刀、T形槽铣刀、成形铣刀、角度铣刀、三面刃铣刀和锯片铣刀等。其形状及用途见表 4-1。

表 4-1 常用铣刀的形状及用途

铣刀名称	简图	用途
圆柱铣刀		仅在圆柱表面上有直线或螺旋线切削刃,没有副切削刃,用高速钢整体制造,用于加工小面积平面
端面铣刀		主切削刃分布在圆柱或圆锥表面上,副切削刃分布于端部。用于加工台阶面或平面,生产效率高
立铣刀		由 3~4 个刀齿组成,圆柱面上是主切削刃,端面分布着副切削刃,沿刀具的径向进给,用于加工沟槽、台阶面和成形面

续表

铣刀名称	简 图	用途
键槽铣刀		圆柱面和端面都有切削刃,两个刀瓣,用于加工圆头封闭键槽
T形槽铣刀		铣T形槽
成形铣刀		铣成形面
角度铣刀		有单角和双角铣刀两种,用于加工沟槽和斜面
三面刃铣刀		圆周和两侧面都有切削刃。有直齿和错齿三面刃两种铣刀,用于加工开式凹槽、小平面和台阶面
锯片铣刀		圆柱表面有切削刃,侧面无切削刃,侧面有内凹的副偏角。用于切槽、切断

二、铣削加工方法

根据铣削时切削层参数的变化规律不同,圆周铣削有逆铣和顺铣两种形式,如图4-7所示。

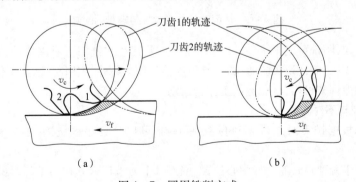

图4-7 圆周铣削方式

1. 逆铣

铣削时(见图4-7(a)),铣刀切入工件时的切削速度方向与工件的进给方向相反,这种铣削方式称为逆铣。逆铣时,刀齿的切削厚度从零逐渐增大。刀齿在开始切入时,由于切削刃钝圆半径的影响,刀齿在工件表面打滑,产生挤压和摩擦,使这段表面产生严重的冷硬层。至滑行到一定程度时,刀齿方能切下一层金属层。下一个刀齿切入时,又在冷硬层上挤压、滑行,使刀齿容易磨损,同时,使工件表面粗糙度增大。此外,逆铣加工时,当接触角大于一定数值时,垂直铣削分力向上易引起振动。

2. 顺铣

铣削时(见图4-7(b)),铣刀切入工件时的切削速度方向与工件的进给方向相同。这种铣削方式称为顺铣。顺铣时,刀齿的切削厚度从最大逐渐减小到零,避免了逆铣时的刀齿挤压、滑行现象,已加工表面的加工硬化程度大为减轻,表面质量也较高,刀具耐用度也比逆铣时高。同时垂直方向的切削分力始终压向工作台,避免了工件的振动。

由于铣床工作台的纵向进给方向一般是依靠丝杠和螺母来实现的,如图4-8所示。螺母固定,由丝杠转动带动工作台移动。逆铣时(见图4-8(a)),纵向切削分力与驱动工作台移动的纵向分力相反,使丝杠与螺母间传动面始终贴紧,工作台不会发生窜动现象,铣削过程较平稳。

顺铣时(见图4-8(b)),铣削力的纵向分力方向始终与驱动工作台移动的纵向力方向相同。如果丝杠与螺母传动副中存在间隙,当纵向铣削分力大于工作台与导轨之间的摩擦力时,会使工作台带动丝杠出现窜动,造成工作台振动,使工作台进给不均匀,严重时会出现打刀现象。因此,如采用顺铣,必须要求铣床工作台进给丝杠螺母副有消除间隙的装置,或采取其他有效措施。因此在没有丝杠螺母间隙消除装置的铣床上,宜采用逆铣加工。

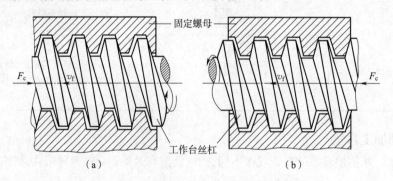

图4-8 铣削时工作台丝杠与螺母的间隙

综合上述比较,顺铣可减小工件表面粗糙度值,尤其适宜铣削不易夹紧或薄壁工件,铣刀寿命可比逆铣提高2~3倍,但顺铣不宜加工有硬皮的工件。另外,应用顺铣时,工作台丝杠、螺母传动副间需配有间隙调整机构,以免造成工作台窜动。

3. 对称铣削与不对称铣削

端面铣削是根据铣刀对工件相对位置的不同,可以分为对称铣削、不对称逆削和不对称顺削。

铣刀轴线位于铣削弧长的对称中心位置,铣刀每个刀齿切入和切离工件时的切削厚度一样,这种铣削方式称为对称铣削。否则称为不对称铣削。对称铣削方式具有较大的平均切削厚度,在用较小进给量铣削淬硬钢时,为使刀齿超越冷硬层切入工件,应采用对称铣削。铣削时,由于作用在工件中心线两边在进给方向的分力,大小相等,方向相反,不会产生突然拉动现象。但作用在工作台横向进给方向的分力较大,必须紧固横向工作台。

在不对称铣削中,若切入时的切削厚度小于切出时的切削厚度,称为不对称逆铣;这种铣削方式切入冲击较小，可以调节切入边和切出边的切削厚度，切削较平稳，有利于提高刀具耐用度，适用于端铣普通碳钢和高强度低合金钢。若切入时厚度大于切出时的切削厚度，则称为不对称顺铣。这种铣削方式用于铣削不锈钢和耐热合金时，可减少硬质合金的剥落磨损，提高切削速度40%~60%。

三、基本操作

（一）铣平面

铣平面可在卧式升降台铣床或立式升降台铣床上进行。在卧式升降台铣床上切削平面的步骤及操作要点见表4-2。

表4-2 铣削平面的步骤及操作要点

序号	工步名称	简图或表	选择与操作要点
1	选择与安装铣刀	（图）	选择铣刀： 常用圆柱螺旋铣刀。 操作要点： 1. 擦净刀杆、铣刀和主轴锥孔，将刀杆装入主轴孔中，并用拉杆螺栓拉紧； 2. 在刀杆上先套入几个垫圈，装上键，再套上铣刀，铣刀尽量靠近床身，并注意切削刃的螺旋方向与主轴转向一致，所产生的轴向力方向应指向主轴孔； 3. 再装上几个垫圈，用手拧上螺母； 4. 装上吊架，拧紧紧固螺钉，加润滑油于轴承孔内； 5. 初步拧紧螺母，开车观察铣刀是否装正，刀杆是否弯曲，调整后方可用力拧紧螺母

续表

序号	工步名称	简图或表	选择与操作要点
2	选择夹具安装工件	参见表 4-2	选择夹具： 根据零件的形状、尺寸和加工要求，选择平口钳、螺母和压板等。 操作要点： 使用平口钳或螺栓压板装夹工件的方法和要点与刨水平面的装夹方法相似，可参见表 4-2
3	选择切削用量	见下表及转速公式 $n = 60 \dfrac{1\,000 V_c}{\pi D}$ (r/min)	选择铣削用量： v_c 与 f、a_p、刀具材料、表面质量等有关。 1. 精铣时，a_p 和 f 选较小些，v_c 高些； 2. 用硬质合金刀时，v_c 取高些，f 取低些； 3. 加工钢件时，v_c 可高些
	调整机床	调整切削深度	操作要点：摇升降台手把，调整工件与刀的相对位置；升降台手把刻度盘每格为 0.02 mm

粗精刨数值 切削量	粗铣	精铣	附注	
侧吃刀量 A_e/mm	2~3	0.5~1		
进给量 F_z/(mm/每齿)	0.05~0.1		钢件	调整预选手轮
	0.07~0.25		铸铁	
f/mm/r		0.3~1.2	高速钢刀	铣钢件
		0.2~1		铣铸铁
切削速度 v_c/(m/s)	0.25~0.75	0.35~1	高速钢刀	换算成 n 后调主轴预选手轮及换挡手把
	2~3	2.5~4	硬质合金刀	

续表

序号	工步名称	简图或表	选择与操作要点
3	调整机床	调整转速	1. 拉开手把至位置Ⅰ； 2. 转动手轮，使所需转数对准▼标记，停止主电动机旋转； 3. 返回快推手把至Ⅱ，后慢推至Ⅲ
		调整进给量	1. 初步拉出手轮； 2. 转动手轮，使所需速度值对准▼标记，停止进给电动机旋转； 3. 拉手轮至极限位置； 4. 推回手轮
4	铣削	(a) (b) (c) (d) (e) (f)	铣削步骤： 1. 开车使铣刀旋转，升高工作台，使铣刀轻微接触工件； 2. 纵向退出工件，停止主电动机旋转，将垂直进给丝杆刻度盘对准零线； 3. 按铣削深度升高工作台，紧固升降与横向进给手柄； 4. 调整纵向工作台侧面的机动停止挡块，启动主电动机，先手动纵向进给，当工件被轻微切入后，改为自动进给； 5. 自动停止进给，手动下降工作台； 6. 纵向退回工作台，测量工件尺寸，观察表面质量，重复铣削，合格为止。 注意事项： 1. 为防止铣废工件，先试铣一刀； 2. 测量工件，必须停止刀具旋转； 3. 铣削中途不准停止进给，否则出现"深啃"现象。如必须停止进给，应先降下工作台

(二)铣齿轮

在卧式铣床上利用分度头,铣削 9 级精度以下的一般直尺圆柱齿轮的步骤及操作要点见表 4-3。

表 4-3 铣齿轮的步骤及操作要点

序号	工步名称	简图或表	选择与操作要点
1	检查齿坯		1. 检查外径与内径; 2. 检查同轴度与垂直度
2	选择附件装夹工件		1. 将工件安装在芯轴上,芯轴与齿坯孔的配合为 H7/h6; 2. 安装并找正分度头和顶尖,使其连线平行于工作台面,垂直于刀杆; 3. 将芯轴与工件装夹于分度头上
3	选择安装的铣刀	模数盘铣刀刀号的选择 | 铣刀号数	1	2	3	4	5	6	7	8
---	---	---	---	---	---	---	---	---
铣削齿数范围	12/13	14/16	17/20	21/25	26/34	35/54	55/135	135以上		1. 每种模数都有 8(或 15)把刀,按齿数选刀号; 2. 按逆铣方式将刀杆装夹在刀架上,并严格校正,使径向跳动 <0.05 mm,否则影响齿轮表面质量
4	选择铣削用量,调整机床		1. 按铣平面切削用量的 70%~80% 选择; 2. 使铣刀中心平面对准工件中心线,调整时,先将铣刀一端面对准工件中心线,然后移进 1/2 铣刀厚度即可

续表

序号	工步名称	简图或表	选择与操作要点
5	分度计算，调整分度头	简单分度法，手柄转数计算公式为：$n=40/z$	将分度盘定位销和分度叉调至选定位置
6	铣削	试铣	为防止分度失误，先让铣刀在工件表面上按分度位置轻轻切出划痕。分度完毕，看齿距是否相等；为了节省时间，也可铣出 3~4 个浅痕，按公式 $P=\pi D/Z$ 近似测量齿距，看分度是否正确 1. 对 $m\leqslant 3$ 的齿轮可分粗、精铣两步，也可一次精铣至尺寸要求，粗铣时应给精铣留 0.3~0.5 mm 的余量。铣削的方法是，先纵向退出工件，将工作台升高约一个齿高($H-0.5$)纵向进给，每铣一齿，分度一次，直至铣完； 2. 当 $\alpha=25°$ 时，精铣前工作台升高高度为 $h=1.46(L_1-L)$，其中： L_1——实测公法线长 L——要求的公法线长 3. 铣出几个齿后，检查 L 合格后，方可继续铣削
7	检验		按规定的跨齿数测量 L，合格后拆下工件

四、操作示例

图 4-9 为单件、小批生产的 45 钢齿轮，其加工步骤见表 4-4。

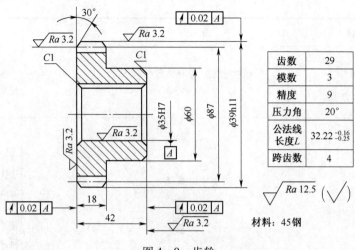

齿数	29
模数	3
精度	9
压力角	20°
公法线长度 L	32.22$_{-0.25}^{-0.16}$
跨齿数	4

材料：45钢

图 4-9 齿轮

表 4-4 用模数铣刀铣齿轮的步骤

序号	加工内容	简图	夹具	刀具	量具
1	试铣： 在外圆表面轻轻划痕(3~4个)近似测量划痕间距 $P = \pi D/Z$ 或全部划痕，观察是否等分。分度时，手轮摇过 $n = 40/z = 40/28 = 1\frac{12}{28}$		分度头 φ24h6 芯轴	$m=25$ 号盘装模具铣刀	齿轮千分尺或游标卡尺
2	粗铣： 在齿高方向留精铣余量0.5 mm，即深切为4 mm		分度头 φ24h6 芯轴	$m=25$ 号盘装模具铣刀	
3	测量公法线 L_1				齿轮千分尺或游标卡尺
4	精铣： 切深为 $h = 1.46(L_1 - L)$ $= 1.46 \times (L_1 - 32.22_{-0.25}^{-0.16})$		分度头 φ24h6 芯轴	$m=25$ 号盘装模具铣刀	

续表

序号	加工内容	简图	夹具	刀具	量具
5	检验： $L = 32.22_{-0.25}^{-0.16}$ mm				齿轮千分尺或游标卡尺

五、典型零件

下例零件均采用小批量生产方式加工，试拟定铣削步骤并加工出合格零件或表面。

（一）V形块（见图 4-10）

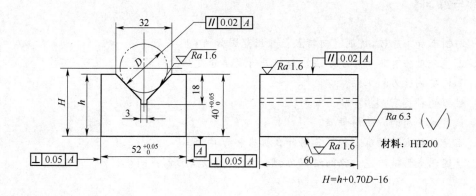

图 4-10 V形块

（二）哑铃头（见图 4-11）

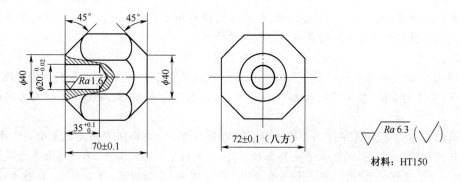

图 4-11 哑铃头

（三）齿轮（见图4-12）

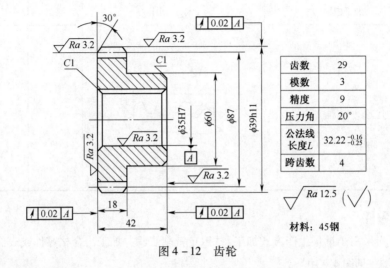

图 4-12　齿轮

【思考与练习】

1. 与刨削加工比较，铣削有何特点？应用范围如何？
2. 万能分度头有几种分度方法？如何进行简单分度？举例说明。
3. 如何安装铣刀和工件？
4. 铣刀的种类有哪些？应用如何？
5. 试述铣平面的方法与步骤。
6. 常见的轴上键槽有几种？各用什么机床和刀具加工？
7. 试述用成形铣刀铣齿轮的过程，成形法铣齿的精度为何不高？

【拓展阅读】

敬业绘就"最美"人生

不管我们从事的是零件的制作，还是齿轮维修、轴的维修或其他机器设备的维修工作，它不是简单的体力活动，也不是单一的脑力活动，是需要脑力和体力结合的工作。要做好本职工作不仅要求我们有健康的身心而且要具备爱岗敬业的精神。

"最美医务工作者""最美公务员""最美志愿者""最美铁路人"……一段时间以来，"最美"成为互联网上的热词。一个个"最美"人物，犹如一颗颗璀璨的明珠，辉映在各条战线。他们以精彩的故事、不凡的业绩，展现了砥砺奋进的姿态、绚丽出彩的人生，生动诠释了令人感佩的敬业精神。

爱岗敬业，是习近平总书记倡导的劳模精神的重要内涵。共和国宏伟大厦是由一个个行业、一个个岗位的"砖瓦"筑就的。立足平凡岗位、人人争先创优，"百职如是，各举其业"，方能众志成城、集聚众力。三百六十行，倘若每个人都能立足平凡岗位，齐心敬业、履职尽责、勤勉奉献，我们就能汇聚起强大正能量，为社会主义现代化事业注入蓬勃生机与活力。正因此，敬业精神既关乎个人成长成才,更关乎国家的兴盛、民族的复兴。奋进新征程,我们应该怎样以行动诠释敬业精神?从某种意义上讲,敬业之道蕴含爱业、勤业、精业之精神,值得我们为之践行。

敬业,首在爱业。对本职工作的热爱,是一种朴素的职业情感。爱之愈深,则敬之愈真。爱岗,彰显的是乐业,展现的是执着。葆有这样的职业观,就会自觉把工作当事业干,将小我融进大我,在小舞台上演出大戏剧。从奋战在脱贫攻坚一线的驻村书记,到无惧风险、完成特高压带电作业的"禁区勇士"……观察那些"最美"人物,他们皆是干一行爱一行的榜样,把本职工作做到极致,达到了"山登绝顶我为峰"的境界。事实证明,"专心致志,以事其业",才能平淡中见奇、寻常中出彩,在新时代的大舞台上绽放个人梦想。

敬业,要在勤业。业精于勤荒于嬉,立足本职岗位勤勉工作,是一种职业操守、职业品格。勤劳、勤勉、勤恳,意味着务实奋斗。事业的成功,不是等得来、喊得来的,而是拼出来、干出来的。无论从事何种行业,都需要用奋斗铸就"最美",以拼搏实现理想。获评全国"最美公务员"的浙江"90后"科技警察钟毅,为了跟疫情赛跑,争分夺秒攻关,使"健康码"成功投入抗疫,并迅速推广到全国。惟拼搏者不凡,惟实干者出彩,惟奋斗者英勇。一勤天下无难事,勤勉奋斗谱写最美壮歌。

敬业,还需精业。精通业务,体现着职业上的价值追求。在科技日新月异、竞争日趋激烈的今天,应当努力求精通、谋创新、出精品。这需要涵养"择一事终一生"的倾心专注,"偏毫厘不敢安"的一丝不苟,"千万锤成一器"的坚持不懈。各行各业的"最美"人物,往往都是追求卓越、业务精进。全国劳模、"最美职工"潘从明能从铜镍冶炼的废渣中提取8种以上稀贵金属,只看溶液颜色便能精确判断99.99%的产品纯度。他获得国家科技进步奖的背后,是数十年如一日"找难题、啃难点、攻难关"的呕心沥血。经验表明,在精益求精的道路上,只有坚韧不拔的勇者,才能登上风光无限的顶峰。

如果说事业是航船,那么敬业就如同风帆。敬业笃行,推进人生实现从平凡到伟大、从优秀到卓越。激扬敬业精神,扬帆远航、乘风破浪,我们必能抵达梦想的彼岸。

项目 5　磨 工 实 训

📖 项目导读

磨削加工是在磨床上,用高速旋转的砂轮对工件进行微刃切削的加工方法。磨削过程中,磨粒的棱角被磨钝后,受力可以自行脱落,并露出锋利的新粒(称自锐性)继续磨削。

磨削能加工硬度很高的工件(如淬火钢),并能使工件获得较高的公差等级(IT7~IT5)和较低的表面粗糙度值(Ra 为 $0.8\sim0.2~\mu m$),超精磨时的表面粗糙值度值 Ra 可达 $0.008~\mu m$。磨削时使工件产生大量的热,因此,必须供给充足的切削液。

磨削主要用于加工内外回转表面、平面、成形面及刃磨刀具等。常见的磨削加工类型如图 5-1 所示。

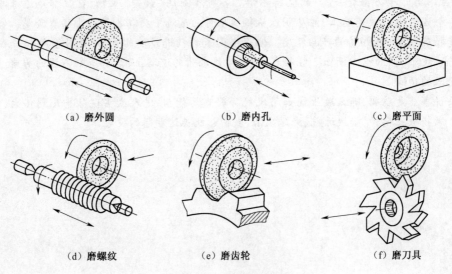

(a) 磨外圆　　　　(b) 磨内孔　　　　(c) 磨平面

(d) 磨螺纹　　　　(e) 磨齿轮　　　　(f) 磨刀具

图 5-1　磨削加工类型

📝 学习目标

1. 熟悉磨床的结构、磨削的特点。
2. 掌握外圆磨削、平面磨削的基本方法。
3. 养成文明生产的良好工作习惯和严谨的工作作风。
4. 在知识传授、能力培养中,弘扬社会主义核心价值观,培养学生实事求是,勇于克服困难的精神,树立正确的世界观、人生观及价值观,通过学习各种零部件的加工制作,懂得"工匠精神"的本质。

任务 外圆表面和平面的磨削

【相关知识与技能】

一、基本知识

(一)磨削原理

1. 磨削加工特点

(1)精度高,表面粗糙度小。磨削时,砂轮表面有极多的切削刃,并且刃口圆弧半径为 0.006~0.012 mm,而一般车刀和铣刀的圆弧半径为 0.12~0.032 mm。磨粒上较锋利的切削刃,能够切下一层很薄的金属,切削厚度可以小到数微米,这是精密加工必须具备的条件之一。一般切削刀具的刃口圆弧半径虽然可磨得小些,但不耐用,不能或难以进行经济的且稳定的精密加工。

磨削所用的磨床比一般切削加工机床精度高,其刚性好,稳定性较好,并且具有控制小切削深度的微量进给机构,可以进行微量切削,从而保证了精密加工的实现。

磨削时,切削速度很高,如普通外圆磨削速度 $v_c = 30 \sim 35$ m/s,高速磨削速度 $v_c > 50$ m/s。当磨粒以很高的切削速度从工件表面切过时,同时有很多切削刃进行切削,每个磨刃仅从工件上切下极少量的金属,残留面很薄,有利于形成光洁的表面。

因此,磨削可以达到高的精度和小的粗糙度。一般磨削精度可达 IT7~IT6。粗糙度 Ra 0.2~0.8 μm,当采用小粗糙度磨削时,粗糙度可达 Ra 0.008~0.1 μm。

(2)砂轮有自锐作用。

(3)可以磨削硬度很高的材料。

(4)磨削温度高。

2. 磨削过程

磨削过程是由磨具上的无数个磨粒的微切削刃对工件表面的微切削过程所构成的。如图 5-2 所示,磨料磨粒的形状是很不规则的多面体,不同粒度号磨粒的顶尖角多为 90°~120°,并且尖端均带有尖端圆角。经修整后的砂轮磨粒前角可达 -80°~-85°。因此,磨削过程与其他切削方法相比具有自己的特点。

单个磨粒的典型磨削过程可分为三个阶段:

(1)滑擦阶段。磨粒切削刃开始与工件接触,切削厚度由零开始逐渐增大,由于磨粒具有绝对值很大的实际负前角和相对较大的切削刃钝圆半径,所以磨粒并未切削工件,而只是在其表面滑擦而过,工件仅产生弹性变形。这一阶段称为滑擦阶段。这一阶段的特点是磨粒与工件之间的相互作用主要是摩擦作用,其结果是磨削区产生大量的热,使工件的温度升高。

(2)耕犁阶段。当磨粒继续切入工件,磨粒作用在工件上的挤压力增大到一定值时,工件表面产生塑性变形,使磨粒前方受挤压的金属向两边流动,在

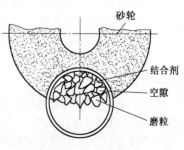

图 5-2 砂轮

工件表面上耕犁出沟槽,而沟槽的两侧微微隆起。此时磨粒和工件间的挤压摩擦加剧,热应力增加。这一阶段称为刻划阶段(耕犁阶段)。这一阶段的特点是工件表面层材料在磨粒的作用下,产生塑性变形,表层组织内产生变形强化。

(3)切削阶段。随着磨粒继续向工件切入,切削厚度不断增大,当其达到临界值时,被磨粒挤压的金属材料产生剪切滑移而形成切屑。这一阶段以切削作用为主,但由于磨粒刃口钝圆的影响,同时也伴随有表面层组织的塑性变形强化。

在一个砂轮上,各个磨粒随机分布,形状和高低各不相同,其切削过程也有差异。其中一些突出和比较锋利的磨粒,切入工件较深,经过滑擦、耕犁和切削三个阶段,形成非常微细的切屑。由于磨削温度很高而使磨屑飞出时氧化形成火花。比较钝的、突出高度较小的磨粒,切不下切屑,只是起刻划作用,在工件表面上挤压出微细的沟槽;更钝的、隐藏在其他磨粒下面的磨粒只能滑擦工件表面。可见磨削过程是包含切削、刻划和滑擦作用的综合复杂过程。切削中产生的隆起残余量增加了磨削表面的粗糙度,但实验证明,隆起残余量与磨削速度有着密切关系,随着磨削速度的提高而下降。因此,高速切削能减小表面粗糙度。

3. 磨削阶段

磨削时,由于挤压力的作用,致使磨削时工艺系统在工件径向产生弹性变形,使实际磨削深度与每次的径向进给量有所差别。所以,实际磨削过程可分为三个阶段。

(1)初磨阶段。在砂轮最初的几次径向进给中,由于工艺系统的弹性变形,实际磨削深度比磨床刻度所显示的径向进给量要小。工艺系统刚性越差,此阶段越长。

(2)稳定阶段。随着径向进给次数的增加,机床、工件、夹具工艺系统的弹性变形抗力也逐渐增大。直至上述工艺系统的弹性变形抗力等于径向磨削力时,实际磨削深度等于径向进给量,此时进入稳定阶段。

(3)光磨阶段。当磨削余量即将磨完时,径向进给运动停止。由于工艺系统的弹性变形逐渐恢复,实际径向进给量并不为零,而是逐渐减小。为此,在无切入情况下,增加进给次数,使磨削深度逐渐趋于零,磨削火花逐渐消失。与此同时,工件的精度和表面质量在逐渐提高。

因此,在开始磨削时,可采用较大的径向进给量,压缩初磨和稳定阶段,以提高生产效率;适当增长光磨时间,可更好地提高工件的表面质量。

4. 磨削力与磨削温度

(1)磨削力。磨削力可分解为互相垂直的三个分力:切向分力、径向分力和轴向分力。由于磨削时切削厚度很小,磨粒上的刃口钝圆半径相对较大,绝大多数磨粒均呈负前角,故三分力中,径向分力最大。各个磨削分力的大小随磨削过程的各个磨削阶段而变化。径向磨削力对磨削工艺系统的变形和磨削加工精度有直接影响。

(2)磨削热。磨削时,由于磨削速度很高,切削厚度很小,切削刃很钝,所以切除单位体积切削层所消耗的功率为车、铣等切削方法的10~20倍。磨削所消耗能量的大部分转变为热能,使磨削区形成高温。

磨削温度常用磨粒磨削点温度和磨削区温度来表示。磨削点温度是指磨削时磨粒切削刃与工件、磨屑接触点温度。磨削点温度非常高(可达1 000~1 400 ℃)。它不但影响表面加工质量,而且对磨粒磨损以及切屑熔化现象也有很大的影响。砂轮(见图5-2)磨削区温度就是通常所说的磨削温度,是指砂轮与工件接触面上的平均温度在400~1 000 ℃,它是产生磨削表面烧伤、残余应力和表面裂纹的原因。

磨削过程中产生大量的热,使被磨削表面层金属在高温下产生相变,从而其硬度与塑性发生变化,这种表层变质现象称为表面烧伤。高温的磨削表面生成一层氧化膜,氧化膜的颜色决定于磨削温度和变质层深度,所以可以根据表面颜色推断磨削温度和烧伤程度。如淡黄色为 400~500 ℃,烧伤深度较浅;紫色为 800~900 ℃,烧伤层较深。轻微的烧伤经酸洗才会显示出来。

表面烧伤损坏了零件表层组织,影响零件的使用寿命。避免烧伤的办法是减少磨削热和加速磨削热的传散,具体可采取如下措施:

①合理选用砂轮。要选择合理的磨粒类型,选择硬度较软、组织疏松的砂轮,并及时修整。大气孔砂轮散热条件好,不易堵塞,能有效地避免烧伤。树脂结合剂砂轮退让性好,与陶瓷结合剂砂轮相比不易使工件烧伤。

②合理选择磨削用量。磨削时砂轮切入量对磨削温度影响最大。提高砂轮速度,会使摩擦速度增大,消耗功率增大,从而使磨削温度升高;提高工件的圆周进给速度和工件轴向进给量,使工件和砂轮接触时间减少,能使磨削温度降低,可减轻或避免表面烧伤。

③采取良好的冷却措施。选用冷却性能好的冷却液,采用较大的流量,采用冷却效果好的冷却方式如喷雾冷却等,可以有效地避免烧伤。

(二)砂轮的特性与选择

砂轮是由结合剂将磨料颗粒黏结起来,经压坯、干燥、焙烧及车整而成的多孔体。它的特性取决于磨料、粒度、结合剂、硬度、组织及形状尺寸等。

1. 砂轮的组成要素

(1)磨料。磨料分为天然和人造磨料两大类。一般天然磨料含杂质多,质地不均。天然金刚石虽好,但价格昂贵,故目前主要使用的是人造磨料。其性能和适用范围见表 5-1。

(2)粒度。粒度是指磨料颗粒的大小。粒度有两种表示方法:对于用筛选法来区分的较大的颗粒(制砂轮用),以每英寸筛网长度上筛孔的数目表示。如 46#粒度表示磨粒刚能通过 46 格/in 的筛网;对于用显微镜测量来区分的微细磨粒(称为微粉,供研磨用),以其最大尺寸(单位 μm)前加 W 来表示。常用砂轮粒度号及其使用范围见表 5-1。

磨料粒度选用原则:粗磨加工时,应选用颗粒较粗的砂轮,以提高生产效率;精磨加工时,应选用颗粒较细的砂轮,以减少加工表面粗糙度;砂轮转速较高或砂轮与工件接触面积较大时,应选用颗粒较粗的砂轮,以防止烧伤工件;磨削软而韧的金属时,应选用颗粒较粗的砂轮,以免砂轮过早堵塞;磨削硬而脆的金属时,应选用颗粒较细的砂轮,以提高同时参加磨削的磨粒数,以提高生产效率。

(3)结合剂。结合剂的性能决定了砂轮的强度、耐冲击性、耐腐蚀性和耐热性。此外,它对磨削温度、磨削表面质量也有一定的影响。结合剂的种类、代号、性能与使用范围见表 5-1。

(4)硬度。砂轮的硬度是指结合剂黏结磨粒的牢固程度,也是指磨粒在磨削力作用下,从砂轮表面脱落的难易程度。砂轮硬,就是磨粒粘得牢,不易脱落;砂轮软,就是磨粒粘得不牢,容易脱落。

砂轮的硬度对磨削生产率、磨削表面质量都有很大的影响。如果砂轮太硬,磨粒磨钝后仍不能脱落,磨削效率很低,工作表面很粗糙并可能烧伤。如果砂轮太软,磨粒还未磨钝已从砂轮上脱落,砂轮损耗大,形状不易保持,影响工件加工质量。如果砂轮的硬度合适,磨粒磨钝后因磨削力增大而自行脱落,使新的锋利的磨粒露出,砂轮具有自锐性,则磨削效率高,工件表面质量好,砂轮的损耗也小。砂轮的硬度分级见表 5-1。

砂轮硬度选取的原则:工件材料硬度较高时,应选用较软的砂轮;工件材料硬度较低时,应选用较硬的砂轮;砂轮与工件接触面积较大时,应选用较软的砂轮;磨薄壁件及导热性差的工件时,应选用较软的砂轮;精磨和成形磨时,应选用较硬的砂轮;砂轮的粒度号大时,应选用较软的砂轮。

(5)组织。组织表示砂轮中磨料、结合剂和气孔间的体积比例。根据磨粒在砂轮中占有的体积百分数(即磨粒率)砂轮可分为 0~14 组织号,见表 5-1。组织号从小到大,磨料率由大到小,气孔率由小到大。砂轮组织号大,组织松,砂轮不易被磨屑堵塞,切削液和空气能带入磨削区域,可降低磨削区域的温度,减少工件因发热而引起的变形和烧伤,也可以提高磨削效率,但组织号大,不易保持砂轮的轮廓形状,会降低成形磨削的精度,磨出的表面也较粗糙。

表 5-1 砂轮的特性及其选择

特性	种类		代号或号数	应用
1. 磨料	氧化铝类	棕刚玉	A	磨削钢、可锻铸铁类,磨削淬火钢、高速钢及零件精磨
		白刚玉	WA	
	碳化硅类	黑色碳化硅	C	磨削铸铁、黄铜、铝、耐火材料等
		绿色碳化硅	GC	磨削硬质合金、宝石、陶瓷类
	高硬类	人造金刚石	D	磨削硬质合金、宝石等高硬度材料
2. 粒度	磨粒:用筛选法分类,以每英寸有多少孔眼表示号数		12~20	粗磨、打磨毛刺
			22~40	修磨切断钢坯、磨耐火材料
			46~60	各种表面的一般磨削
			60~90	各种表面的半精磨、精磨、成形磨
	微粉:用显微测量法分类,用 W 后加数字表示,粉粒尺寸单位 μm		100~120	精磨、超精磨、工具刃磨
			120 及更细	超级光磨、镜面磨、制造研磨剂等
3. 结合剂	陶瓷		V	$V_{轮} \leq 35$ m/s
	树脂		B	$V_{轮} > 35$ m/s 及薄片砂轮
	橡胶		R	薄片砂轮及导轮
4. 硬度(磨粒在外力作用下脱落的难易程度)	超软		D、E、F	磨硬料或有色金属时选用软砂轮,磨较软料或成形磨时选用较硬的砂轮
	软		G、H、J	
	中软		K、L	
	中		M、N	
	中硬		P、Q、R	
	硬		S、T	
	超硬		Y	
5. 组织	紧密		0、1、2、3	成形磨或精磨
	中等		4、5、6、7	磨淬火钢、刀具或无心磨
	疏松		8、9、10、11、12、13、14	磨韧性大、硬度低的料

特性	种类	代号或号数	应用
6. 形状与尺寸	平形砂轮	P	磨外圆、内孔、平面及用于无心磨等
	双面凹砂轮	PSA	磨外圆，无心磨及刃磨刀具
	双斜边砂轮	PSX	磨齿轮和螺纹
	筒形砂轮	N	立轴端面平磨
	杯形砂轮	B	磨平面、内孔及刃磨刀具
	碗形砂轮	BW	磨导轨及刃磨刀具
	碟形砂轮	D	刃磨铣刀、铰刀、拉刀及磨齿轮齿形
	薄片砂轮	PB	切断和开槽
	P、N 及 PB 形砂轮尺寸用：外径×厚度×孔径（mm）表示		

砂轮的特性可用代号与数字表示，并标注在砂轮上。例如：
P400×50×203A60L5V35，其含意是：

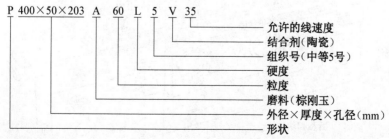

（三）砂轮的磨损与寿命
1. 砂轮的磨损
砂轮磨损包含磨粒的磨耗磨损、磨粒破碎和脱落磨损等三种形态。

①磨耗磨损是由于磨粒与工件之间的摩擦、黏结、高温氧化和扩散而引起的,一般发生在磨粒与工件的接触处。开始时,在磨粒刃尖上出现一磨损的微小平面,当微小平面逐步增大时,磨刃就无法顺利切入工件,而只是在工件表面产生挤压作用,从而使磨削热增加,磨削过程恶化。

②磨粒破碎发生在一个磨粒的内部。磨粒在磨削过程中,在多次急热急冷作用下,表面形成极大的热应力,而导致局部破碎。磨粒的导热系数越小,热膨胀系数越大,就越容易破碎。

③脱落磨损的难易主要取决于结合剂的强度。磨削时,随着磨削温度的上升,结合剂强度下降,当磨削力超过结合剂强度时,整个磨粒从砂轮上脱落,形成脱落磨损。

砂轮磨损后,会导致磨削性能恶化。当砂轮硬度较低,磨削负荷较轻时,砂轮出现钝化现象,会使金属切除率明显下降。当砂轮硬度较低,磨削负荷较重时,砂轮出现脱落现象会使得砂轮廓形改变,严重影响磨削精度与表面质量。在磨削碳钢时,磨削产生的高温使切屑软化,嵌塞在砂轮的孔隙处,造成砂轮堵塞;磨削钛合金时,切屑与磨粒的亲和力强,从而造成黏附和堵塞。砂轮堵塞后即失去切削能力,磨削力及磨削温度剧增,表面质量显著下降。

2. 砂轮寿命

砂轮寿命用砂轮在两次修整之间的实际磨削时间表示。它是砂轮磨削性能的重要指标之一,同时还是影响磨削效率和磨削成本的重要因素。砂轮磨损量是最重要的寿命判据。当磨损量增大到一定程度时,工件将发生颤振,表面粗糙度突然增大,或出现表面烧伤现象。准确判断出砂轮寿命比较困难,在实际生产中,砂轮寿命的常用合理数值可参考表 5-2 所示参数。

表 5-2 砂轮寿命的合理数值

磨削种类	外圆磨	内圆磨	平面磨	成形磨
寿命 T/min	1 200 ~ 2 400	600	1 500	600

(四)外圆磨床的构造及其工作

1. 万能外圆磨床的构造

万能外圆磨床的外形如图 5-3 所示,它主要由床身、砂轮架、工作台、头架、尾座、内圆磨具架等组成。

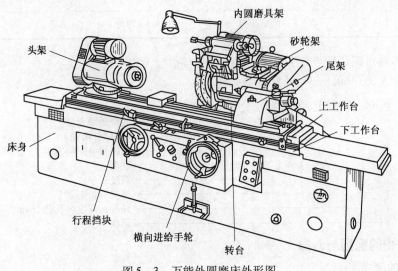

图 5-3 万能外圆磨床外形图

1) 床身

床身用于安装各部件,上部有可移动的工作台和砂轮架,内部装有液压传动系统和机油。

2) 砂轮架

砂轮架用来安装砂轮、内圆磨头及电动机。砂轮架可在床身后部的导轨上作横向进给,并可绕垂直轴线旋转±30°。

砂轮架可以自动周期进给或手动进给,也可以液压驱动快进、快退,以便于装卸和测量工件。

3) 工作台

工作台由液压驱动或手动,可沿床身顶部的纵向导轨作往复直线运动。台面上装有头架和尾座,前侧面的T形槽装有两块可调整的行程挡块,以控制工作台的纵向行程和自动换向。工作台分上下两层,上层可在水平面内偏转,顺时针转3°,逆时针转7°,以便磨圆锥面。

4) 头架

上面有电动机通过可变速的塔形带轮带动主轴旋转。主轴端可安装顶尖、拨盘和卡盘,用于装夹工件。头架可在水平面内偏转一定角度(+90°),用以磨削短锥面和端面。

5) 尾座

尾座的套筒内可装顶尖,用以支承轴类零件的另一端。尾座还可沿工作台面纵向移动。装卸工件时,顶尖套筒的缩进和伸出,可用手扳动尾座上的手柄,也可用脚踏动操纵箱下端的踏板。

6) 内圆磨具架

内圆磨具用来磨削内孔,使用时,将它翻转下来,并用螺栓紧固在砂轮架壳体上。磨外圆时,将它翻上,并用插销定位即可。

2. 万能外圆磨床的工作

万能外圆磨床可用来磨外圆、内孔、端面(见图5-4),也可以磨圆锥面(见图5-5)。

磨圆锥面时,可根据工件的长短和锥角的大小,调节工作台、头架或砂轮架的转角。磨内圆锥面时,可调节头架或工作台的转角。

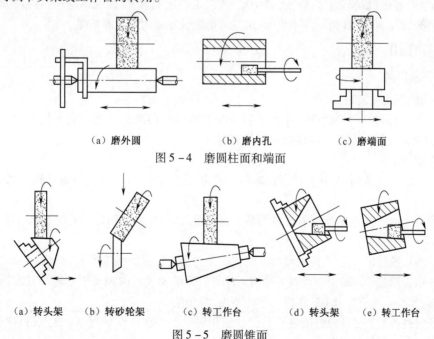

(a) 磨外圆　　　　(b) 磨内孔　　　　(c) 磨端面

图5-4 磨圆柱面和端面

(a) 转头架　(b) 转砂轮架　(c) 转工作台　(d) 转头架　(e) 转工作台

图5-5 磨圆锥面

(五)平面磨床及其工作

平面磨床主要有以下几种类型:砂轮主轴水平布置而工作台是矩形的称为卧轴矩台平面磨床;具有圆周进给的圆形工作台的称为卧轴圆台平面磨床;依次划分还有立轴矩台和立轴圆台平面磨床。目前应用最广的是卧轴矩台平面磨床。卧轴矩台平面磨床(见图5-6)由床身、工作台、立柱和砂轮架等组成。工作台上装有电磁吸盘,用于加工时固定工件,是平面磨床的夹具。磨削时,砂轮的高速旋转运动是主运动,砂轮和工件的直线移动是进给运动。

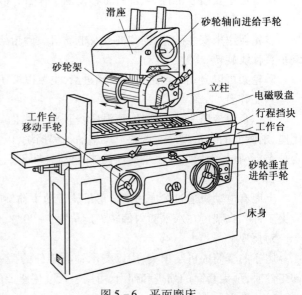

图5-6 平面磨床

常见的平面磨削方式如下:

(1)圆周面磨削(周磨)。砂轮的周边为磨削工作面,砂轮与工件的接触面积小,摩擦发热小,排屑及冷却条件好,工件受热变形小,且砂轮磨损均匀,所以加工精度较高。但是,砂轮主轴处于水平位置,呈悬臂状态,刚性较差。不能采用较大的磨削用量,生产效率较低。

(2)端面磨削(端磨)。用砂轮的一个端面作为磨削工作面。端面磨削时,砂轮轴伸出较短,磨头架主要承受轴向力,所以刚性较好,可以采用较大的磨削用量;另外,砂轮与工件的接触面积较大,同时参加磨削的磨粒数较多,生产效率较高。但是,由于磨削过程中发热量大,冷却条件差,脱落的磨粒及磨屑从磨削区排出比较困难,所以工件热变形大,表面易烧伤,且砂轮端面沿径向各点的线速度不等,使砂轮磨损不均匀,因此磨削质量比周边磨削时较差。

二、基本操作

(一)外圆磨削

1. 外圆磨削用量及形式

外圆磨削是用砂轮外圆周面来磨削工件的外回转表面的磨削方法。它不仅能加工圆表面,还能加工圆锥面、端面、球面和特殊形状的外表面等。

1)磨削用量

(1)主运动 n_c。磨削中,砂轮的高速旋转运动为主运动 n_c,磨削速度是指砂轮外圆的线速度 v_c 单位为 m/s。

(2)进给运动 n_w。进给运动有工件的圆周进给运动 n_w,轴向进给运动 f_a 和砂轮相对工件的径向进给运动 f_r。

(3)圆周进给速度 v_w。工件的圆周进给速度是指工件外圆的线速度 v_w,单位为 m/s。

(4)轴向进给量 f_a。轴向进给量 f_a 是指工件转一周沿轴线方向相对于砂轮移动的距离,单位为 mm/r,通常 $f_a = (0.02 \sim 0.08)B$,B 为砂轮宽度,单位为 mm。

(5)径向进给量 f_r。径向进给量 f_r 是指砂轮相对于工件在工作台每双(单)行程内径向移动的距离 mm/(d. str)或 mm/str。

2) 外圆磨削方式

外圆磨削按照不同的进给方向可分为纵磨法和横磨法两种形式。

(1) 纵磨法。磨削外圆时,砂轮的高速旋转为主运动,工件作圆周进给运动,同时随工作台沿工件轴向作纵向进给运动。每单行程或每往复行程终了时,砂轮作周期的横向进给运动,从而逐渐磨去工件的全部余量。采用纵磨法每次的横向进给量少,磨削力小,散热条件好,并且能以光磨次数来提高工件的磨削精度和表面质量,是目前生产中使用最广泛的一种方法。

(2) 横磨法。采用这种形式磨削外圆时,工件不需作纵向进给运动,砂轮以缓慢的速度连续或断续地沿工件径向作横向进给运动,直至达到精度要求。因此,要求砂轮的宽度比工件的磨削宽度大,一次行程就可完成磨削加工的全过程,所以加工效率高,同时它也适用于成形磨削。然而,在磨削过程中,砂轮与工件接触面积大,磨削力大,必须使用功率大、刚性好的机床。此外,磨削热集中,磨削温度高,势必影响工件的表面质量,必须给予充分的切削液来降低磨削温度。

2. 外圆磨削的操作步骤(见表5-3)

表5-3 磨削外圆表面的步骤

序号	工步名称	简图或表	选择与操作要点
1	选择砂轮并安装与修整砂轮	(a) 砂轮、平衡块、心轴、平衡轨道、平衡架 (b) 砂轮、金刚石,1~2 mm,10°,20°~30°	选择砂轮: 依据工件材料和技术要求选择砂轮。 操作要点: 1. 检查砂轮有无裂纹; 2. 直径大于125 mm的新砂轮安装前必须用平衡架进行平衡检查,先调整两条平衡轨道至水平位置,之后调整砂轮平衡块位置,使砂轮中心与回转中心重合[见图(a)]; 3. 磨粒钝化、外形失真、表面堵塞的砂轮,用砂轮修整器修整[见图(b)]
2	选择夹具,安装工件	(a)(b)(c)	选择夹具: 1. 装夹实心轴类工件时,选用双顶尖、鸡心(或对头)夹头、拨盘[见图(a)]; 2. 装夹空心盘套类工件时,加芯轴[见图(b)]; 3. 装夹实心盘类件时用三爪卡盘[见图(c)]。 安装工件: 1. 采用双顶尖装夹工件时,先调整好尾座位置和夹紧力,装夹细长轴时,夹紧力应小些,安装工件前,应先擦净中心孔,抹入润滑脂; 2. 采用卡盘夹件时,要严格校正工件

续表

序号	工步名称	简图或表			选择与操作要点
3	选择磨削用量,调整机床	粗精磨数值用量	粗磨	精磨	选择磨削用量原则: 1. 磨细长件、取大 $f_横$,精磨时,$f_纵$ 取小些,反之取大些; 2. 磨细长件、硬件、韧性料及精磨时,$f_横$ 取小些,反之取大些; 3. 磨细长件、大直径件、硬件、重件、端磨、韧性料、用大 $f_横$,精磨时,v_w 取小些,反之取大些 一般不能选择大的工件转速 操作要点: 1. 调整 $f_纵$:旋转节油阀旋钮; 2. 调整 $f_横$:调整前,先将砂轮退离工件表面 50 mm 以上,之后快进,再摇横进给手轮。进给分粗细两种:粗进给(推进拉杆)手轮刻度为 0.01 mm/格,细进给(拉出拉杆)手轮刻度为 0.0025 mm/格; 3. 调 v_w:先将 v_w 换算成 n_w 之后查头架铭牌,调整头架 V 带位置
		纵向进给量 $f_纵/(\text{mm/r})$	(0.4~0.8)B	0.2~0.8)B	
		横向进给量 $f_横/(\text{mm/dstr})$	(0.01~0.06)	0.0025~0.01	
		工作圆周速度 $v_w/(\text{m/s})$	≤35		
		注:B——砂轮宽度(mm) $n_w = 60 \dfrac{1\ 000 V_e}{\pi D}$ n_w——工件转数(r/min) D——工件直径(mm)			
4	磨削	(简图:砂轮与工件,标注 $f_横$、v_C、v_w、$f_纵$)			磨削步骤: 1. 启动油泵电动机; 2. 启动砂轮电动机; 3. 旋转快速进退阀,将砂轮快速移进工件,自动给冷却液; 4. 摇横进给手轮,使砂轮微触工件; 5. 旋转开停节流阀,使工作台移动; 6. 粗磨:$f_横 = 0.01 \sim 0.06$ mm/dstr,留精磨量 0.04~0.06 mm; 7. 精磨:$f_横 = 0.002\ 5 \sim 0.01$ mm/dstr,磨至余量为 0.005~0.01 mm 时,不在横进给,纵向移动工件数次,至无火花为止
5	检验				用千分尺测量工件两端和中部

3. 无心外圆磨削

无心外圆磨削与普通外圆磨削方法不同,工件不是支承在顶尖上或夹持在卡盘上,而是放在磨削砂轮与导轮之间,以被磨削外圆表面作为基准,支承在托板上。砂轮与导轮的旋转方向相同,由于磨削砂轮的旋转速度很大,但导轮(用摩擦系数较大的树脂或橡胶作结合剂制成的刚玉砂轮)则依靠摩擦力限制工件的旋转,使工件的圆周速度基本等于导轮的线速度,从而在砂轮和工件间形成很大的速度差,产生磨削作用。

为了加快成圆过程和提高工件圆度,工件的中心必须高于磨削砂轮和导轮中心连线,这样工件与磨削砂轮和导轮的接触点不可能对称,从而使工件上凸点在多次转动中逐渐磨圆。实践证明:工件中心越高,越易获得较高圆度,磨削过程越快。但高出距离不能太大,否则导轮对工件的向上垂直分力会引起工件跳动。一般取 $h = (0.15 \sim 0.25)d$,d 为工件直径。

在无心外圆磨床上磨削外圆,工件不需打中心孔,装卸简单省时;磨削时,加工过程可连续不断运行;工件支承刚性好,可用较大的切削用量进行切削,而磨削余量可较小(没有因中心孔偏心面造成的余量不均现象),故生产效率较高。

由于工件定位面为外圆表面,消除了工件中心孔误差、外圆磨床工作台运动方向与前后顶尖的连续不平行以及顶尖的径向跳动等项误差的影响,所以磨削出来的工件尺寸精度和几何精度都比较高,表面粗糙度值也较小。但无心磨削调整费时,只适于成批及大量生产;又因工件的支承及传动特点,只能用来加工尺寸较小,形状比较简单的零件。此外,无心磨削不能磨削不连续的外圆表面,如带有键槽、小平面的表面,也不能保证加工面与其他被加工面的相互位置精度。

(二)磨削平面

在卧轴矩台平面磨床磨削平面的步骤和操作要点见表 5-4。

表 5-4 磨削平面的步骤和操作要点

序号	工步名称	简图或表			选择与操作要点
1	选择与安装砂轮	略			同磨外圆
2	选择夹具安装工件	(a) (b)			选择夹具: 1. 安装磁性工件用电磁吸盘[见图(a)]; 2. 安装非磁性工件,用精密平口钳[见图(b)]等夹具安装后,然后在吸在电磁吸盘上。 操作要点: 1. 擦净工件、夹具、吸盘表面; 2. 按下吸件按钮。
3	选择磨削用量调整机床	粗精磨 数值 用量	粗磨	精磨	磨钢件取上限; 磨铸铁件取下限; 调整 v_w:旋转节流阀; 调整行程:调整挡块位置与距离; 粗进给:摇动手轮(每格0.005 mm); 细进给:压微动进给杠杆; 手动或自动进给; 手动每格0.01 mm
		磨削速度 V_c/(m/s)	20~30	25~35	
		工件移动速度 v_w/(m/s)	0.2~0.016		
		垂直进给量 $f_垂$/(mm)	0.015~ 0.03	0.005~ 0.01	
		横向进给量 $f_横$/(mm/datr)	$(0.75 \sim 0.25)B$ B—齿轮宽度		

续表

序号	工步名称	简图或表	选择与操作要点
4	磨削	(图示：砂轮磨削工件，标注 $f_\text{横}$、v_c、v_w)	磨削步骤： 1. 启动油泵电动机； 2. 吸牢工件，装小工件时，在工件两端加挡铁； 3. 工件台纵向移动； 4. 启动砂轮电动机； 5. 给充足的冷却液； 6. 下降砂轮，微触工件； 7. 调 $f_\text{横}$，自动横向进给，粗磨； 8. 停车、测量，调 $f_\text{横}$； 9. 精磨、停车、测量； 10. 工件退磁
5	检验		用千分尺或游标卡尺测量

三、操作示例

（一）磨传动轴

磨削传动轴（见图 5-7）的步骤见表 5-5。

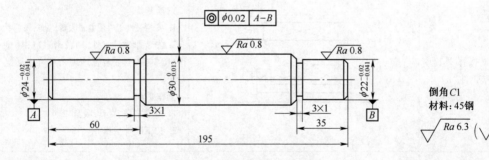

图 5-7 传动轴

表 5-5 磨削传动轴

序号	加工内容	加工简图	操作要点
1	粗磨一端外圆至 $\phi 24^{+0.1}_{0}$ mm、$\phi 30^{+0.1}_{0}$ mm	(加工简图，标注 v_c、v_w、$f_\text{纵}$)	1. 工件外径在磨前应留 0.2~0.4 mm 余量； 2. 调好顶尖位置和夹紧力； 3. 擦净中心孔和顶尖，并抹油； 4. 粗磨时取 $v_w = 0.3$ m/s； $f_\text{横} = 0.01 \sim 0.02$ mm/dstr $f_\text{纵} = 0.4B$ mm/r
2	精磨该段外圆至 $\phi 24^{-0.02}_{-0.041}$ mm、$\phi 30^{\ 0}_{-0.041}$ mm		

续表

序号	加工内容	加工简图	操作要点
3	掉头粗磨另一端外圆至 $\phi 22_{0}^{+0.1}$ mm		5. 精磨时取 $v_w = 0.08$ m/s; $f_横 = 0.0025 \sim 0.005$ mm/dstr $f_纵 = 0.2B$ mm/r 当余量为 $0.0025 \sim 0.01$ mm 时，空行程几次，至无火花为止； 6. $\phi 24$ mm×60 mm 处手动磨削； $\phi 22$ mm×35 mm 处手动磨削； $\phi 30$ mm 处纵向自动磨削
4	精磨该端外圆至 $\phi 22_{-0.041}^{-0.02}$ mm		
5	检验		用千分尺或游标卡尺测量

（二）磨 V 形块

磨削 V 形块（见图 5-8）的步骤见表 5-6。

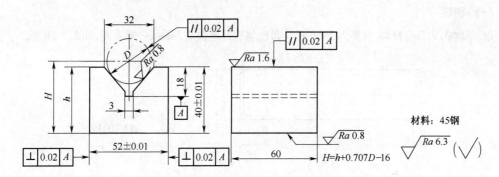

图 5-8　V 形块

表 5-6　磨削 V 形块的步骤

序号	加工内容	加工简图	操作要点
1	粗磨底平面至尺寸 $44_0^{+0.1}$ mm		1. 擦净工件和吸盘； 2. 将工件夹在精密平口钳上，然后吸在工作台上（或直接吸在工作台上）； 3. 磨前先给冷却液
2	精磨底平面至尺寸 (44 ± 0.01) mm		
3	粗、精磨两个侧面，保证尺寸 (52 ± 0.01) mm 和对 A 面的垂直度		将精密平口钳翻转 90°磨一侧面，然后重新装夹，或直接吸在工作台上，磨另一侧面

续表

序号	加工内容	加工简图	操作要点
4	粗、精磨V形槽,保证尺寸$(H\pm0.01)$mm和圆棒轴线对A的平行度	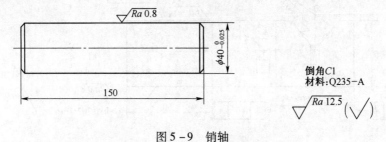	1. 借助导磁V形块对V形槽纵向找正后,吸在吸盘上,磨削时的垂直与横向进给,采用手动; 2. 加圆棒测量尺寸H; 3. 初检合格后,退磁卸下工件
5	检验		

四、典型零件磨削

下列各图所示零件,均采用小批生产方式加工,试拟定磨削步骤,并加工出合格零件。

(一)销轴

磨削销轴,为节省材料,可多人磨削一件,每次将直径磨去0.2 mm,公差不变,如图5-9所示。

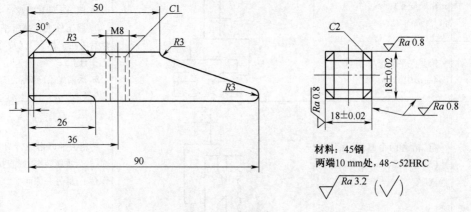

图5-9 销轴

(二)钉锤头

钉锤头磨削加工之前的工件,可用学生在钳工实训时加工的钉锤头(见图5-10),磨削粗糙度值Ra为0.8 μm的表面。磨削时,工件前后加挡铁。

图5-10 钉锤头

【思考与练习】

1. 简述磨削加工的实质、特点与应用。
2. 外圆磨床与平面磨床的构造、运动及调整方法有何不同?
3. 磨削加工能获得较高精度的原因是什么?
4. 磨削细长轴类零件时,应注意些什么?
5. 磨削加工平面时,应注意些什么?

【拓展阅读】

用黄大年精神激励我们前行

黄大年拥有一颗爱国之心,感恩之情,在祖国召唤的时候,他毅然放弃高薪豪宅回到祖国,服务国家。我们要学习他"热爱祖国,心怀感恩,时刻牢记自己是一名中国人"的精神,因为一个懂得感恩的人,一个懂得报恩的人才能有所成就。对于我们中华儿女来说,祖国就是我们的家,不论什么时候,祖国都是我们坚强的后盾。

心有大我、至诚报国的爱国情怀是黄大年精神的本质特征。黄大年之所以放弃国外优厚的待遇,只因在他的内心深处,始终保存着对祖国的大爱,始终澎湃着"只要祖国需要,我必全力以赴"的爱国之情,践行着"振兴中华,乃我辈之责"的报国之志,把个人的理想追求深深融入国家和民族的事业中。对于我们劳动者来说,企业就是我们的家,为我们的生活和工作提供保障和舞台。"不论它处在行业领先还是正经历困难",我们都要爱岗敬业,努力工作,为企业多做贡献,风雨同行,做到"干一行,爱一行,专一行",像黄大年回报祖国一样,回报企业;像黄大年甘于奉献一样,为企业的发展做出我们的贡献。

平时我们对待工作要重实干,求实效,努力在平凡的岗位上创造优异成绩。宋代诗人陆游曾说,"纸上得来终觉浅,绝知此事要躬行",用现在的话来说,就是要理论联系实际,坚持求真务实。我们的岗位决定了我们对待工作一定要严谨细致,认真负责,重视细节,这也是一种本领和才能的体现。现在的青年人精力充沛,富有闯劲,想闯一番事业,但前提条件是必须得具备踏实肯吃苦的精神。

也许我们的工作不是那么的前沿,我们每天都在一线生产。枯燥、无味、高温、酷暑,这些都会影响我们的工作热情,但是,这不能成为我们毫无作为的理由。在平凡的岗位上,国家的楷模,身边的劳模,告诉我们"平凡的小事做好了同样不平凡"。我们要学习黄大年"脚踏实地,坚守岗位,唯痴迷者成大业"的精神,把一件事做好,做极致,就能成为一个领域里的"行家里手"。我们在"面对日常生产时能做到安全第一;修理成百上千个零件时能做到不出差错;对于制约生产的瓶颈,能做到小改小革,创新发展",这些都是在为社会的发展加油助力,讲奉献才能做贡献。贡献无大小,为企业节约了一张纸,一度电;改善一项小技术,方便了工作,降低了成本;脚踏实地,勤恳工作,保质保量地完成本职工作,只要用心,只要肯付出,平凡的岗位一样可以创出不凡的业绩。

我们要以黄大年为榜样,学习他心有大我、至诚报国的爱国情怀,学习他教书育人、敢为人先的敬业精神,学习他淡泊名利、甘于奉献的高尚情操,把爱国之情、报国之志融入祖国改革发展的伟大事业之中、融入人民创造历史的伟大奋斗之中,从自己做起,从本职岗位做起,为实现"两个一百年"奋斗目标、实现中华民族伟大复兴的中国梦贡献智慧和力量。我们要学习黄大年的爱国情怀、敬业精神和高尚情操。

附录

附表1 常用切削加工方法

序号	加工方法	公差等级 IT	表面粗糙度 $Ra/\mu m$	应用
1	钻、锯削、粗车、镗、刨、铣	12~11	50~12.5	粗加工非配合面,如轴端面、倒角、钻孔等
2	扩孔、锪孔	10~9	6.3~3.2	半精加工孔中的非配合表面
3	铰孔	8~6	1.6~0.4	常用于精加工较小的定位孔或配合孔
4	拉	8~6	1.6~0.4	大量生产时,精加工圆孔
5	车、铣、刨、镗	10~8	6.3~1.6	广泛用于半精加工非配合表面或固定配合表面及支承面,如轴、套件端面、主轴外露面、工作台面等
6	磨削	7~6	0.8~0.2	精加工有定心及配合特性的表面(淬火或未淬火),如轴颈、导轨面及夹具定位面等
7	高速精铣、精刨	7~6	0.8~0.2	适于精加工有色金属件的摩擦表面
8	精细车精细镗	7~6	0.8~0.2	适于精加工有色金属件的摩擦表面
9	超精加工	6~5(轴)	0.1~0.008	超级光磨或研磨精密仪器及附件的摩擦面;量具的工作面,如活塞销孔、液压或气压缸孔

附表2 常用的部分法定计量单位

量的名称	单位名称	单位符号
长度	米	m
面积	平方米	m^2
体积	立方米	m^3
时间	秒	s
速度	米每秒	m/s
加速度	米每二次方秒	m/s^2
密度	克每立方厘米	g/cm^3
力	牛	N
应力、压力(压强)	帕	Pa
能、功、热量	焦	J
功率	瓦	W
力矩	牛·米	N·m

附表3 普通螺纹直径与螺距系列(部分)

公称直径 D、d			螺距 P										
第一系列	第二系列	第三系列	粗牙	细牙									
				6	4	3	2	1.5	1.25	1	0.75	0.5	0.35	0.25	0.2
1			0.25												0.2
	1.1		0.25												0.2
1.2			0.25												0.2
	1.4		0.3												0.2
1.6			0.35												0.2
	1.8		0.35												0.2
2			0.4											0.25	
	2.2		0.45											0.25	
2.5			0.45										0.35		
3			0.5										0.35		
	3.5		(0.6)										0.35		
4			0.7									0.5			
	4.5		(0.75)									0.5			
5			0.8									0.5			
		5.5										0.5			
6			1								0.75	0.5			
		7	1								0.75	0.5			
8			1.25							1	0.75	0.5			
	(9)		(1.25)							1	0.75	0.5			
10			1.5						1.25	1	0.75	0.5			
		11	(1.5)							1	0.75	0.5			
12			1.75					1.5	1.25	1	0.75	0.5			
	14		2					1.5	1.25	1	0.75	0.5			
		15						1.5		(1)					
16			2					1.5		1	0.75	0.5			
		17						1.5		(1)					
	18		2.5				2	1.5		1	0.75	0.5			
20			2.5				2	1.5		1	0.75	0.5			
	22		2.5				2	1.5		1	0.75	0.5			
24			3				2	1.5		1	0.75				
		25					2	1.5		(1)					

续表

公称直径 D、d			螺距 P										
第一系列	第二系列	第三系列	粗牙	细牙									
				6	4	3	2	1.5	1.25	1	0.75	0.5	0.35	0.25	0.2
		26						1.5							
	27		3				2	1.5		1	0.75				
		28					2	1.5		1					
30			3.5			(3)	2	1.5		1	0.75				
		32					2	1.5		1					
	33		3.5			(3)	2	1.5			0.75				
		35						1.5		1					
36			4			3	2	1.5			0.75				
		38						1.5		1					
	39		4			3	2	1.5							
		40				(3)	(2)	1.5		1					
42			4.5		(4)	3	2	1.5		1					
	45		4.5		(4)	3	2	1.5		1					
48			5		(4)	3	2	1.5		1					
		50				(3)	(2)	1.5							
	52		5		(4)	3	2	1.5		1					
		55			(4)	(3)	2	1.5							
56			5.5		4	3	2	1.5		1					
		58			(4)	(3)	2	1.5							
	60		(5.5)		4	3	2	1.5		1					
		62			(4)	(3)	2	1.5							
64			6		4	3	2	1.5							
		65			(4)	(3)	2	1.5							
68			6		4	3									
		70		(6)	(4)	(3)	2	1.5							
72				6	4	3	2	1.5							
		75			(4)	(3)									
	76			6	4	3	2	1.5							
		78					2								
80				6	4	3	2	1.5							
		82													

续表

公称直径 D、d			螺距 P										
第一系列	第二系列	第三系列	粗牙	细牙									
				6	4	3	2	1.5	1.25	1	0.75	0.5	0.35	0.25	0.2
	85			6	4	3	2								
90				6	4	3	2	1.5							
	95			6	4	3	2	1.5							
100				6	4	3	2	1.5							
	105			6	4	3	2	1.5							
110				6	4	3	2	1.5							
	115			6	4	3	2	1.5							
	120			6	4	3	2	1.5							
125				6	4	3	2	1.5							
	130			6	4	3	2	1.5							

参 考 文 献

[1] 冯刚. 钳工实训指导书[M]. 北京:机械工业出版社,2014.
[2] 邓集华. 钳工基础技能实训[M]. 2版. 北京:机械工业出版社,2021.
[3] 中国就业培训技术指导中心. 钳工[M]. 北京:中国劳动社会保障出版社,2016.
[4] 李全作. 金工实训[M]. 4版. 武汉:华中科技大学出版社,2021.
[5] 陈志鹏. 金工实习[M]. 北京:机械工业出版社,2015.
[6] 张永坤. 钳工与机加工技能实训[M]. 北京:中国铁道出版社,2008.
[7] 杨晓光. 金属加工与实训[M]. 北京:中国铁道出版社,2011.
[8] 李永增. 金工实习[M]. 北京:高等教育出版社,2006.
[9] 劳动和社会保障部教材办公室. 车工工艺与技能训练[M]. 北京:中国劳动社会保障出版社,2001.
[10] 劳动和社会保障部教材办公室. 国家职业资格培训教程:车工[M]. 北京:中国劳动社会保障出版社,2003.
[11] 郭炯凡. 金属工艺学实习教材[M]. 北京:高等教育出版社,1989.